个性化益生菌

——精准医疗时代的选择

黄力文　张　敬　许庭源　陈碧华◎著

同济大学出版社
TONGJI UNIVERSITY PRESS
·上海·

图书在版编目（CIP）数据

个性化益生菌：精准医疗时代的选择 / 黄力文等著 .—上海：同济大学出版社，2022.12

ISBN 978-7-5765-0655-6

Ⅰ.①个…　Ⅱ.①黄…　Ⅲ.①益生菌—关系—健康—研究　Ⅳ.①Q939②R16

中国国家版本馆CIP数据核字（2023）第014363号

个性化益生菌——精准医疗时代的选择

黄力文　张　敬　许庭源　陈碧华　**著**　　**学术秘书**　谢俊令

责任编辑　罗　琳　**助理编辑**　朱涧超　**责任校对**　徐逢乔　**封面设计**　陈益平

出版发行　同济大学出版社　www.tongjipress.com.cn
（地址：上海市四平路 1239 号　邮编：200092　电话：021-65985622）

经　　销　全国各地新华书店

排　　版　南京文脉图文设计制作有限公司

印　　刷　大丰市科星印刷有限责任公司

开　　本　710 mm × 960 mm　1 /16

印　　张　9.75

字　　数　195 000

版　　次　2022 年 12 月第 1 版

印　　次　2022 年 12 月第 1 次印刷

书　　号　ISBN 978-7-5765-0655-6

定　　价　58.00 元

前 言

这是一本介绍益生菌知识的书。

近二十年来，全世界范围的肠道菌群研究热潮，使得有关肠道菌群的科普书籍如雨后春笋般不断冒出，很多都写得非常有趣，值得一读。而本书将会更多讨论肠道菌群中与我们关系最密切的“益生菌”。国内近十年来介绍益生菌的科普书籍还不是很多，与之形成鲜明对比的是，大家对这方面知识的渴求和对益生菌产品的追捧。通过阅读这本书，你可以全面了解在益生菌领域近十多年来发生的事。

这又是一本围绕实际应用的书。

知识爆炸的时代，让我们每天都会接收到海量的信息。只要你关注健康，手指一点，各种信息就会跃然呈现。在众多的信息中，很多一开始着实令人振奋，但别上了标题的当，每当看到最后一句“该结果目前还局限在实验室内的大鼠 / 细胞阶段，在人体上的效应有待进一步研究”，都会有一种受骗的感觉。本书是笔者多年来使用益生菌的经验总结，将会重点关注和分享已经在人群中或人体上被证实的研究和成果。同时，也会在必要时进一步提及最前沿的实验室结果，并做明确说明和合理分析。

这更是一本崇尚精准医疗的书。

精准医疗是当代医学的大势所趋，这是由每个人不同的基因、环境和行为等因素决定的。近期发表在 *Cell* 上的研究显示，目前常用的传统益生菌补充剂在肠道的定植存在非常大的个体化差异。这就不难理解，为什么传统的益生菌补充剂功效存在很大的偶然性——对这个人很好的益生菌产品，可能在那个人身上毫无用处，甚至还会出现副作用。事实上，只有深入了解每一个人的现有肠道菌群、肠道黏膜状态、菌群代谢产物、免疫状态及代谢状态，才能找到真正适合该个体的益生菌产品。笔者注意到，“个性化益生菌”从 21 世纪初开发的那一刻起，就锚定精准医疗这一理念，最终达成每个特殊个体功效的最优，而非千人一面。

本书分为四个部分。如果你渴望成为这个方面的知识达人，请进入第一、第二部分，这里有肠道菌群和益生菌基础知识的全面介绍；如果你是实用主义者，请直接阅读第三、第四部分，了解“个性化益生菌”和“益生元”。另外，为更方便你抓住各章的核心内容，笔者在每个章节结束时，都会安排“敲黑板，划重点”，里面会有本章节内容的小结，方便你最快速度掌握本书要点。本书还提供了选购益生菌产品的小贴士、应用益生菌的十大误区以及肠道菌群健康自测表等实用信息或工具。最后，为方便读者进一步拓展阅读，本书还提供了完整的参考文献。

本书涉及益生菌在医疗、预防、保健的方方面面，知识面跨度大，绝大多数知识又来自最新的文章，尽管笔者已力求严谨，但难免会有疏失之处，还请广大专家、同行不吝指正，也欢迎广大读者联系我们，聊聊自己感兴趣的益生菌话题。

好了，请跟随笔者一起，开始我们的个性化益生菌之旅吧！

目 录

第一部分

肠道菌群：默默奉献的健康伴侣

人类微生物组，超级生物体，第二大脑，这一系列有关肠道菌群的概念背后，映射的是人类对于这个陪伴我们几百万年的“小伙伴”的认识和不断加深的理解。

本部分将围绕对人体健康有益的肠道菌群及益生菌，从实践回溯理论，再将目光投向理论指导下的新实践，带你全面了解益生菌的研发和转化如何一路走来。

第一章　健康新干线——人体微生物

缘起

时间：2000 年 6 月 26 日。坐标：美国白宫。

一个关乎人类认识自身的宏大项目，在这一天宣布了重磅消息——举世瞩目的人类基因组计划（Human Genome Project，HGP）终于完成了工作框架图，并将在全球范围加速进行。大家欢呼雀跃，人类似乎正在参透上帝创造生命的奥秘，并可以从此找到破解生老病死规律的突破口。众多国家都对这个耗资数十亿美元、动用全球资源的项目投入了极大的关注。时任美国总统克林顿也向全世界宣告，HGP 不但会影响我们的生活、影响我们的下一代，还能彻底革新大多数疾病的诊断、治疗和预防。自然科学界的两大权威杂志 *Nature* 和 *Science*，更是破天荒地在次年 2 月同一时间报道了这一计划的进度。

参与此项目的各国科学家们在闲暇之余，都不约而同地猜想着这样一个有趣的问题：复杂的人类，究竟会有多少个基因呢？答案是出乎所有科学家预料的，根据掌握的数据，人类的基因总数应该在 20 000～25 000 个基因，比果蝇多一点，比小麦少，甚至比小鼠少。然而，令人沮丧的是，随着人类基因组慢慢揭开它的神秘面纱，科学家们发现疾病很少是由单一基因变异引起的，最常见的情况是和数十甚至数百个微小的基因变异有关，而同一个微小的基因变异又可能和很多种疾病或健康状况相关。想要通过人类基因组计划解密人类生命过程，似乎还有一段很长的路要走。

无心插柳柳成荫。在人类 DNA 测序的过程中，科学家们惊喜地发现，我们之所以仅靠两万多个基因，就可以完成如此复杂精确的生命活动，是因为在我们身后，有着一支细胞数总量十倍于我们，基因数总量百倍于我们的强大战队——人类微生物（human microbiome）。正是靠着人类基因和人类微生物的协同合作，我们的各项生理功能才得以正常实现。正如加拿大不列颠哥伦比亚大学终身教授朱利安·戴维斯（Julian Davies）指出的，孤立地对人类基因组测序，而忽略和人类共生的微生物，人类基因组计划就会是不完整的[1]。正是在这种背景下，才产生了人类基因组计划的延伸——人类微生物组计划（The Human Microbiome Project，HMP）。

元年

时间：2007 年 12 月 19 日。坐标：美国华盛顿。

在这一天，人类微生物组计划正式启动。国际人类微生物组联盟成立大会也在同一天举行。作为美国国立卫生研究院设立的研究路线图重要组成部分，HMP 预算达 1.15 亿美元（约合 7.5 亿元人民币），累计投入超过 2 亿美元（约合 13 亿元人民币）。该计划旨在确定不同个体间是否存在共同的核心微生物组成，研究人体微生物组成变化与人体健康状况之间的关系。希望最终实现通过检测、控制其组成变化情况，来改善人类健康。

紧随美国 HMP，欧盟在 4 个月后，也正式启动了人类肠道宏基因组计划

（Metagenomics of Human Intestinal Tract，MetaHIT），历时4年，总投入2 120万欧元（约合1.5亿元人民币），合作伙伴涵盖8个国家、14个国际级工业团体及实验室。MetaHIT关心的是人类肠道中的所有微生物群落，重点研究肠道微生物与肥胖、肠炎等的关系。在2012年，欧盟又紧接着启动了后续项目MetaGenoPolis（MGP），为期7年，重点运用日臻完善的宏基因组分析技术，经由研究肠道菌群和健康的关系，为营养和保健提供新的思路。

纷至

时间：2008年以来。范围：全世界。

继美国和欧盟之后，全世界各国政府都纷纷加入到了人类微生物组，尤其是人体肠道菌群的研究大军里。其中比较知名的项目，包括日本的人体元基因组项目、法国的MicroObes计划、爱尔兰针对老年人的ELDERMET计划、韩国的双胞胎微生物组项目以及加拿大、澳大利亚等各国的微生物组项目。

各学术团体对人类微生物组的研究、推广也起到很大作用。国际人类微生物组联盟（International Human Microbiome Consortium，IHMC）是其中成立最早、影响最大的。它是2005年由欧洲科学家发起、2008年正式成立的致力于人类微生态研究的国际组织，每1～2年召开国际人类微生物组大会。为了更好地向世人展示充满活力和多样性的微生物世界，并鼓励公众对话，强调微生物对人类、动物和环境健康的重要性，IHMC在2018年6月的第七届国际大会上，倡议将每年的6月27日设为世界微生物组日（World Microbiome Day）。

2016年，奥巴马政府再次把全球对微生物研究的关注焦点拉回到了美国。

继脑计划、精准医疗、抗癌“登月”计划等大手笔后，美国政府再次拨款 1.2 亿美元（约合 8 亿元人民币），启动了重大国家级科研项目——国家微生物组计划（National Microbiome Initiative，NMI）。这次提出的是以下三大目标：①跨学科研究，回答多种生态系统微生物的基础科学问题；②发展平台工艺，加深对微生物的了解，促进不同生态系统微生物知识的分享，并促进微生物组数据的共享；③通过全民科普、提供教育机会等，扩大微生物研究人才队伍。而参与此次微生物研究计划的阵容也是超级庞大，包括美国能源部、航空航天局、国立卫生研究院、国家科学基金会、农业部的诸多机构都公布了各自的研究方向。此外，包括比尔及梅琳达·盖茨基金会在内的其他 100 多个非政府机构和部门都积极响应白宫科技政策办公室的号召，承诺将累计投入超过 4 亿美元（约合 26.5 亿元人民币）[2]。

该项目得以顺利通过，与耶鲁大学微生物学家、时任白宫科技政策办公室副主任乔·汉德尔斯曼（Jo Handelsman）博士的大力推动有直接关系。正如她自己在白宫官网的一篇博客中所说：“如果有一件事我们可以确信，那就是微生物虽小，但它们的影响巨大！”当看到 21 世纪微生物组及相关科学技术与创新催生该领域的新公司如雨后春笋般在全美涌现时，她兴奋地向参加国家微生物组计划新闻发布会的记者们说道：“未来将是微生物的时代！”

中国

时间：2017 年 12 月 20 日。坐标：中国北京。

在中国科学院微生物研究所的主会堂里，以中国科学院上海生命科学研究院赵国屏院士为首的 5 位院士，来自 14 家中科院内外单位的专家、学者和项目主管部门相关负责人等70余人济济一堂，共同见证“中国微生物组计划”的正式启动。这可是中国在人体微生物组研究上具有里程碑意义的一件大事。这一为期两年的项目由中科院牵头，总投入3 000万元人民币，具体包括了基于人类微生物组学策略干预代谢性疾病及并发症的机制、中国微生物组数据库与资源库建设等5个子项目。

2018年，伴随着国际上微生物组、肠道菌群的研究热潮一浪高过一浪，国内学者在该领域的研究成果也是节节攀升。根据当年国家自然科学基金的评审结果，在肠道微生物方面的相关立项就有近50项，涉及癌症、代谢综合征、心血管疾病、脑部疾病、心理疾病等各方面。可谓是，星星之火，已经燎原。

敲黑板，划重点

- 人类一共有两个基因组：自身基因组和微生物组。
- 2007年启动的人类微生物组研究，已在全世界范围广泛展开，并将对疾病研究，以及我们的日常生活产生深远的影响。
- 未来的时代将是微生物的时代。

第二章　共生的“微”伙伴

诺贝尔生理学或医学奖获得者乔舒亚·莱德伯格（Joshua Lederberg）在2001年提出，人其实是由人体细胞和在我们体内共生的人体微生物所共同构成的“超级生物体（superorganism）”[3]。这些微生物包括细菌、病毒、真菌及古菌（单核微生物），在人体营养、消化、生长过程以及保护机体免受外源病原菌的感染等免疫功能中发挥重要作用[4]。

到底有多少人体微生物

与人体共生的微生物的具体数量一直是大家津津乐道的一个话题。1972年，美国密苏里大学萨姆莱·拉奇（Samurai Luckey）教授作为微生物学专家，担任美国宇航局阿波罗登月计划的顾问，当时，他被要求确保登月的所有物品以及宇航员都是“无菌的”。通过估算，他提出人体微生物的数量是人体自身细胞数量的10倍[5]。这个概念非常普及，以至于直到本世纪伦敦大学学院的进化生物学博士阿兰娜·科伦（Alanna Collen）在她所著的*10% Human*一书中仍沿用这个概念。

然而，这个说法在2014年遭到了罗恩·森德（Ron Sender）等人的质疑。根据最新的实验数据，大家更认同的是，人类微生物同人体细胞数量比是 1.3∶1，即人类体表和体内的微生物总量共计 39 万亿个，而人类自身的细胞数量约 30 万亿个[6]。然而，该预估并没有将分布在不同身体环境的真菌、病毒和噬菌体考虑在内，其中就病毒和噬菌体来说，其数量可能与细菌相当，或者可能比细菌多出至少一个数量级。虽然这些预估可能低估了相对于人体细胞的微生物细胞数量，但它们都没有低估人体微生物的多样性及其与人体的密切关联[7]。

我们和微生物共生在一起，相互依靠，互惠互利。它们是我们人体不可缺少的一部分，忽视这些和我们休戚与共一生的微生物，来谈我们的生老病死是不可能、也是不现实的。占所有人类微生物数量 90% 的肠道细菌（gut microbiota）也注定是和我们健康关系最大的微生物组。如果把它算作一个器官，其对健康的重要性毫不逊色于别的任何器官，它主要执行以下功能[8]：①协助肠道对营养物质的消化吸收；②中和食物中的毒素，参与肝脏解毒功能；③产生并释放神经递质，协调内脏功能；④借由代谢产物调节宿主新陈代谢；⑤调控身体的免疫应答，降低炎症带来的各种慢性疾病风险；⑥形成物理屏障，阻挡有害微生物入侵。

多样性，稳定性

人体内的微生物组具有惊人的多样性[9]。具体表现为：不同个体，即使是双胞胎，其微生物组中细菌的相似程度也低于 50%。同一个体，不同部位的微生物组中细菌组成存在很大差异。同一个体，不同时间的微生物组中细菌组成相差也很大。这个结论是我们比较能接受的，因为，细菌的种类千千万万，而人与人之间，哪怕是遗传背景完全相同的双胞胎，他们的生活经历都是有各种差异的，结果就是微生物组的千差万别。每个人都是独特的，他（她）的肠道菌群也是如此，就像每个人的指纹一样。而且通常情况下，每个人的肠道菌群是相对稳定的。究其原因，一方面来自宿主，何种细菌能够留在体内，和宿主的基因所做的选择息息相关，但更多地和环境、生活的接触有关；另一方面来自微生物组，它们对是否住下、住在哪里、和谁做邻居，也都是有自己喜好的。这就为个性化地在一段时间内实施肠道菌群干预奠定了基础。

人类和人类微生物组之间几百万年前就订下了盟约，共同应对复杂多变的外部环境。两个好伙伴正是在这样的互惠互利下，实现了共赢。我们要做的就是，继续一起遵守这个盟约，继续一起愉快地玩耍。

敲黑板，划重点

- 人是由人体细胞和共生的微生物共同构成的“超级生物体”。
- 在人类微生物组中占比最大的肠道菌群，和我们的健康息息相关。
- 人体内微生物组具有惊人的多样性和稳定性，这些是人类宿主健康的保障。

第三章　一辈子的好伴侣

从呱呱坠地开始，无时无刻，不离不弃，它一直是你的忠实伴侣——和我们共生的微生物。

最初一千天：肠道健康的关键期

母亲，人类社会最温暖的称谓，因为她们孕育生命，给予我们身体。那和我们共生的这些微生物是从哪里来的呢？没错，一样来自妈妈。通过生产、哺育，母亲将有益的微生物交给下一代。为了让下一代拥有更多有益的微生物，有以下几点建议。

建议一：尽量自然分娩。想象一下，在母体子宫内时，胎儿肠道内近乎处于无菌状态。在自然分娩的新生儿出生数小时后，细菌就会通过分娩时接触的产道分泌物或与母亲的皮肤接触，进入新生儿体内或停留在新生儿体表。这些细菌不是敌人，而是朋友。有人比较过经自然分娩的新生儿肠道和他们母亲的产道、粪便以及皮肤上的细菌样本，发现新生儿肠道的菌株与母亲产道的菌株最为接近，以乳酸杆菌（Lactobacillus）以及普雷沃菌（Prevotella）最为常见。相较母亲肠道的菌群，这些细菌虽然只是很少一点，但在新生儿的消化道里却扮演着“看门人”的角色。乳酸杆菌不但有利于乳汁中乳糖的消化，还能阻止一些“坏”菌（包括链球菌、绿脓杆菌及艰难梭状芽孢杆菌等）落脚，这就等于给宝宝加了一层用细菌做成的“保护罩”，只不过这层保护罩是新生儿必须经过自然分娩方能获得的，而非剖宫产。

经剖宫产出生的新生儿，其肠道的细菌则主要由葡萄球菌（Staphylococcus）、棒状杆菌（Corynebacterium）以及丙酸杆菌（Propionibacterium）构成。这些都是皮肤上最常见的细菌，对于消化乳糖是不利的。

建议二：尽量母乳喂养。对于出生后的宝宝，家长面临一个非常重要的选择：母乳喂养还是人工喂养。如果选择母乳喂养，母乳中含有多种微生物，是婴儿体内常见的乳酸菌和双歧杆菌等有益微生物的绝佳来源[10]。尤其是产后不久分泌的初乳，其中含有数百种细菌，包括乳酸杆菌、链球菌、肠球菌和葡萄球菌，每 1 毫升初乳中的细菌数量高达 1 000 个。婴儿每天可以从母乳中摄入约 80 万个细菌，较人工喂养的婴儿，其肠道菌群的数量和多样性是远远胜出的。由此带来的免疫优势，对原来临床上很难解释的人工喂养的婴儿各种感染发生率、湿疹气喘发生率以及 1 岁以内的死亡率偏高，给出了新的答案。

研究者还发现母乳喂养的宝宝出现婴儿肠绞痛的概率要低很多，主要原因是母乳中寡糖成分多达 130 多种，而牛奶中寡糖少得可怜。这些由单糖分子组成的碳水化合物是婴幼儿肠道中有益菌最好的食物。母乳喂养的宝宝，体内会出现相当数量的乳酸杆菌和双歧杆菌。后者通过分解寡糖，能产生对人体非常重要的副产品——短链脂肪酸，如丙酸、丁酸等。这些短链脂肪酸是营养肠壁细胞的食物，对婴儿的免疫系统发展至关重要。简单概括，母乳中丰富的寡糖为婴儿肠道中的有益菌提供了宝贵的食物。

建议三：建议婴幼儿按规律添加辅食、接触大自然。实际上，出生后的

1 000 天是婴幼儿肠道发育的关键期（图 1）。婴幼儿在 1 岁时，其肠道菌群结构就已经类似成人，尽管这时的菌群还非常不稳定。在 1 岁前后，占领肠道的双歧杆菌数量会缓慢、稳定地下降。而随着宝宝摄入固体食物种类和数量的增加，新的细菌种类被不断“引进”[11]。在一项实验中，婴儿吃下豆类和其他蔬菜，会让原本由放线菌门（Actinobacteria）及变形菌门（Proteobacteria）主导的肠道细菌群，转变为类似成年人的厚壁菌（Firmicutes）和拟杆菌（Bacteroidetes）的组合。这个巨大的转变是宝宝发展的重要里程碑。在随后的 2 年内，幼儿肠道菌群会逐步完善，进一步向成人肠道菌群结构靠拢，稳

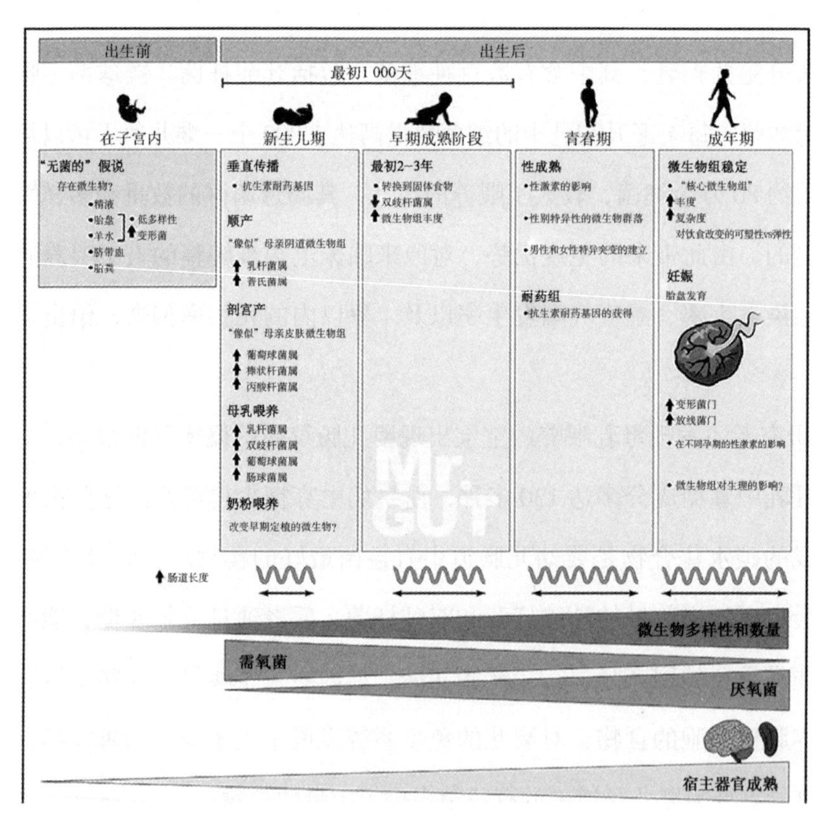

图 1　从婴儿期到成年期的微生物组变化

定性与多样性也会逐月增加。到3岁时，早期母乳喂养或人工喂养造成的肠道菌群差异会随着新的食物、新的外界接触及新的菌种进入人体而慢慢消失。接触大自然，避免过度“卫生”的好处，笔者会在第九章中再具体说明，这里只作简要说明。接触大自然中的土壤、动物有利于形成人体菌群的多样性，对减少过敏、改善孤独症症状都是有益的。

建议四：避免非必要的抗生素使用。抗生素的使用，是以青霉素为起始的。但实际上抗生素耐药在青霉素使用短短几年后就被发现了，原理很简单：对所用抗生素敏感的细菌会被杀灭，而意外发生基因突变的耐药性细菌能存活下来，其繁衍的后代都会具备针对该种抗生素的耐药性。于是，一场细菌和人类的竞赛悄然启动了——更强效、更广谱的抗生素被研发出来，更耐药的超级细菌被“筛选”出来，于是就有了耐甲氧西林金黄色葡萄球菌（MRSA）。而且，在这场竞赛中，最新最强抗生素杀菌作用的“广谱性”让同样是细菌的肠道菌群遭受了灭顶之灾。瑞典的研究小组发现在抗生素使用结束的两年之后，肠道菌群拟杆菌仍未恢复到原本的状态，这就是抗生素使用后会出现腹胀、腹泻等问题的原因。避免非必要的抗生素使用，能让我们脆弱的肠道菌群躲过这些劫难，特别是对于婴幼儿来说。

尽量选择自然分娩，尽量选择母乳喂养，让孩子按规律添加辅食、接触大自然，避免非必要的抗生素使用，这是我们能够为下一代在他们生命最初1 000天所做的对肠道菌群的善举。为他们，更是为人类健康的明天。

人如其“食”

从肠道菌群的角度看，个体成长的过程就是微生物组逐渐稳定的过程，伴随着此过程的是肠道菌群多样性和数量的提升。在这个过程中，一方面，食物会改变肠道菌群的数量和结构，从而在塑造和维持肠道菌群方面起到决定性作用[12]；另一方面，肠道菌群也可通过各种方式直接或间接参与我们基因的改造，潜移默化地改变我们的吃喝拉撒和喜怒哀乐，并最终影响基因的“表现型”。

关于什么才是健康的饮食，也是见仁见智，无一定论。但宏量营养素过剩，已经使超重和肥胖在全世界范围变成了“慢性瘟疫”。除了肥胖症，不良饮食习惯也加速了很多疾病的发展，例如关节炎、糖尿病、心脏病、脑卒中（中风）、脂肪肝以及癌症。有关不良的饮食习惯如何影响肠道菌群，进而造成上述疾病，还会在第二部分详细阐述，但可以肯定的是，对于上述慢性疾病发病率、死亡率的节节攀升，不健康的饮食是难辞其咎的，我们的肠道菌群也深受其害。

执子之手，与子偕老

以往，我们只知道随着年龄的增长，肠道菌群变化的大致趋势，即细菌数量和多样性均会随年龄增长而下降，大肠杆菌、肠球菌属慢慢增加，拟杆菌会减少[13]。但 2019 年顶尖期刊 *Science* 发布的最新研究显示，伴随人体的整个生命周期（图 1），从新生到老年，肠道菌群其实是一个精确无比的生物钟，可以反映出人类的实际年龄[14]。也可以说，肠道菌群的状态，就是你的老化生物钟，它会不小心泄漏你的真实年龄。

研究的过程是这样的，美国马里兰州的人工智能创业公司——InSilico Medicine 先是收集了来自全球 1 165 名健康人的 3 600 多个肠道菌群样本，其中，年轻人、中年人和老年人各占1/3。科学家们这次用了“机器学习”来分析对这上千个肠道菌群样本进行测序后的数据。最后，研究者发现，有39种和预测年龄息息相关的细菌，而它们最后预测的年龄误差不到4年，准确率颇高[14]。

依据这个最新的科学报道，我们不仅可以将健康人和患有退行性疾病的人进行比较，从而观察患者的肠道菌群是否偏离了常规状态；也可以利用微生物制剂调整肠道菌群构成，来减缓衰老。有关抗衰老方面的讨论，还会在第十三章详细展开。

敲黑板，划重点

- 为了保证婴幼儿肠道菌群的健康，建议选择自然分娩和母乳喂养，按规律添加辅食并接触大自然，避免使用非必要的抗生素。
- 食物在塑造和维持肠道菌群方面具有决定性作用。
- 我们的成长、老化和肠道菌群密切相关。

第四章　最大的免疫屏障

正如第二章所说，细菌、病毒这些微伙伴可谓无处不在。免疫系统则是我们可以依赖的基本防线，也是我们身体健康的根本所在，而肠道菌群则是免疫系统的忠实战友。

免疫系统，人体健康的卫士

大家对免疫系统并不陌生，它是防止病毒和细菌入侵人体的有效防卫体系，相当于人体的安保系统。

免疫系统分成免疫器官、免疫细胞和免疫分子三大类别。免疫器官是产生和处理各种免疫细胞的基地，包括胸腺、骨髓、脾脏和淋巴结等。免疫细胞按照是否常规配备，可分为固有免疫细胞和适应性免疫细胞。固有免疫细胞负责日常的免疫防护、稳定以及监测，而适应性免疫细胞负责突击和专项任务。而免疫分子，则包括补体、细胞因子等。在下面的章节，我们会介绍免疫系统的众多成员和与其有关的疾病，以及它们和肠道菌群的故事，这里我们先借助表 1 认识下这个人体健康防卫系统中的主要成员。

表 1 常见免疫细胞功能

	细胞种类	功能
固有免疫细胞	中性粒细胞 (neutrocyte)	非特异性抵御微生物病原体，特别是在细菌入侵的第一线
	巨噬细胞 (macrophage)	参与非特异性防卫（先天性免疫）和特异性防卫（细胞免疫）
	树突状细胞 (dendritic cell)	抗原摄取、处理、呈递等
	肥大细胞 (mast cell)	分泌细胞因子，参与免疫调节
	自然杀伤细胞 (nature killer cell)	识别、攻击外来细胞、癌细胞和病毒
适应性免疫细胞	B 细胞 (B cell)	产生抗体，实现体液免疫
	细胞毒性 T 细胞 (cytotoxic T cell)	识别、结合并杀伤被细菌或病毒感染的细胞及肿瘤细胞
	辅助性 T 细胞 (helper T cell)	增生扩散来激活其他类型的产生直接免疫反应的免疫细胞
	调节性 T 细胞 (regulatory T cell)	抑制免疫应答，防止过激

告急，健康卫士也会出状况

没错，我们的健康卫士——免疫系统自己也会“生病”。免疫系统出状况有三种：一种是过弱；一种是过强；还有一种则是敌我不分，错打了自己人。

先说免疫过弱，又叫“免疫力低下”。免疫力低下已悄然成为现代社会的普遍现象。各种慢性疾病的肆虐，隐性的营养不良，以及无法避免的压力和环境因素（如 $PM_{2.5}$ 过多）都会使体内免疫系统能力下降，使人体易受到细菌、病毒的感染。当然，除了受疾病或环境影响外，免疫系统自身也会随着机体一起老化。具体地说，免疫细胞的数目减少，战斗力下降了，又或是免疫系统内部的协作出问题了，这些都是免疫系统老化会导致的状况。我们可以通过表 2 对自身的免疫状态做一个快速的评价。

表 2　免疫状态自评表[15]

	从不（0）	偶尔（1）	有（2）	常有（3）	总有（4）
突然发烧（>38℃）					
腹泻					
皮肤问题（皮炎、痤疮）					
头痛					
肌肉关节痛					
感冒					
咳嗽					

评分规则：按实际情况对 7 种症状的发生频率打分，累加得出免疫状态自评分，分数≥ 8 分者存在免疫力低下。

再说免疫“过强”。在实际生活中，各种过敏性疾病，包括支气管哮喘、过敏性鼻炎、特应性皮炎等，从新生儿到老年人的各个年龄阶段都可能发生。过敏性疾病是由于“过强”的免疫力，造成炎症部位过度的炎症反应，严重的情况下还有可能引起过敏性休克。而能够触发过敏反应的物质，就是常说的过敏原。这部分内容会在第九章中详细说明，这里就不再赘述。

最后说说，免疫系统错打了自己人。免疫系统在执行免疫打击时，弄错了对象，攻击了自身的组织和器官，这时就出现了所谓的“自身免疫性疾病”，常见的有红斑狼疮、类风湿性关节炎、强直性脊柱炎等。有关益生菌和自身免疫疾病的内容会在第十二章中讲述。

以上所有情况，益生菌作为免疫系统的忠实战友，都可以予以协助，二者共同筑起保卫人体健康的钢铁长城。

共同构筑防护屏障

益生菌为什么对机体免疫功能有效？其有三大作用机制：①调整肠道菌相；②调节免疫应答；③增强肠道屏障功能[16]。

益生菌可以调整肠道菌群的菌相构成，靠的是抑制“坏”菌，扶持“好”菌。持续的益生菌补充，可以帮助肠道内原住的有益菌扩张地盘，在和有害菌的竞争中不断取得优势。另外，益生菌还能分泌特有的细菌素（bacteriocin）和有机酸杀死有害菌，如医生们见了都头疼的艰难梭状芽胞杆菌。肠道健康因此就有了保障，这是益生菌维护肠道菌群构建生物屏障的机制。

益生菌作为肠道的忠实战友，可以协助调节免疫应答。俗话说“病从口入”，每天接触外界病毒和细菌最多的部位不是我们看得到的体表皮肤，而是看不到的消化道。肠道在整个消化道中又是重中之重，它的面积展开来比一个网球场还要大。它必须确保机体在充分消化吸收营养的同时，不受病原菌和病毒的侵扰，所以肠道是免疫系统最前线的阵地。为了帮肠道完成这个任务，人体把 70% 的免疫细胞都部署在肠道黏膜周围，在这里有其独特的免疫系统——肠相关淋巴组织（gut-accociated lymphoid tissue，GALT）。它有两种存在形式：一种是堡垒性质的淋巴组织，包括派氏结（peyer patch，PP）、肠系膜淋巴结及较小的孤立淋巴滤泡，这些堡垒是各种免疫细胞集结的地方；另一种是骑士般负责巡逻的淋巴细胞。益生菌进入人体后，可以改善免疫系统的 T 细胞平衡来减轻过敏反应，也可以激发自然杀伤细胞毒杀癌细胞的能力，还可以活化巨噬细胞、刺激肠道黏膜上皮细胞分泌免疫球蛋白 A。总之，这是益生菌给肠道这个人体最大的免疫屏障加上的第二道保障。

除了上面两道屏障外，肠道还有自身黏膜上皮细胞构成的机械屏障，又称物理屏障。上皮细胞之间还有各种连接蛋白，确保屏障之间紧密连接。千万别小看这些连接蛋白，如果出了问题，就会出现肠漏症，也就是肠子里的东西会漏到身体内（图 2）。当未完全消化的食物、细菌或者毒素进入我们血液循环中，就会引起慢性炎症和免疫系统的连锁反应。益生菌帮助构建肠道机械屏障的作用在于它能利用糖类产出更多短链脂肪酸，其是肠道上皮细胞的主要能量来源，肠道上皮细胞的新陈代谢、修补替换都要靠这些能量供应，从而稳定黏膜功能，保证肠黏膜完整性。

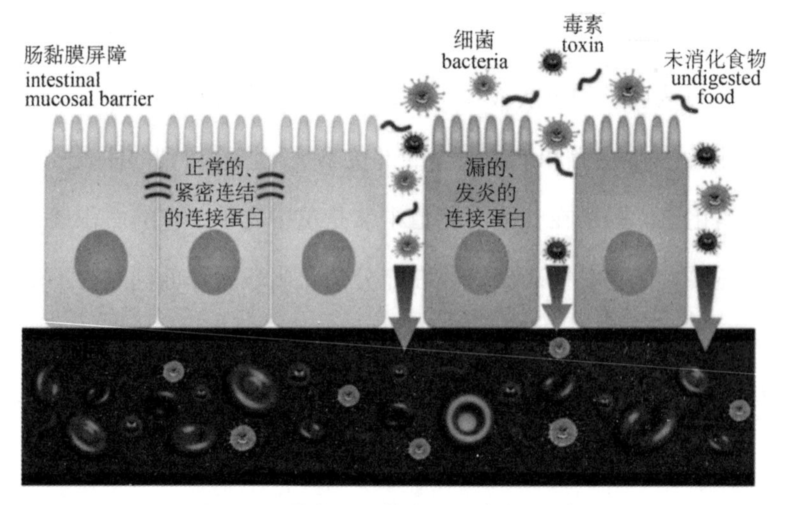

图 2　肠漏症：肠黏膜的屏障功能受损

益生菌分泌的短链脂肪酸，也是维持肠道酸性的重要力量，有些短链脂肪酸还能破坏某些革兰氏阴性菌（有害菌）的细胞壁，也算是支援肠道抵御病原菌的第四道屏障——化学屏障的一个方面。酸性的肠道环境对维持菌群平衡至关重要，也是肠道健康的基本保障。

总之，正是有了来自肠道菌群、肠上皮以及免疫系统的重重保护，肠黏膜屏障才能成为有效防止微生物入侵的强有力防线。益生菌也很好地穿插在其中，默默坚守，发挥自己的三大功能，为机体免疫系统做着属于自己的贡献。

敲黑板，划重点

- 肠道是我们身上最大的免疫屏障。
- 益生菌的三大作用机制：①调整肠道菌相；②调节免疫应答；③增强肠道屏障功能。

第五章　掀开历史

按照联合国粮农组织以及世界卫生组织对益生菌的专家共识（2001年），益生菌是一类被摄入足够数量后能够对宿主健康产生有益作用的活的微生物。最早“益生菌”（probiotics）一词是1953年由德国科学家维尔纳·科拉特（Werner Kollath）提出使用的，该词由拉丁文中的“pro”和希腊文中的“bio”组成，意思是“为了生命”。而人类“为了生命”，应用这些对自己有益的微生物的历史，可以从几千年前的发酵工艺说起。

神奇的发酵

人类利用“益生菌”的历史是从总结和掌握发酵工艺开始的。通过分析在埃及古代遗址出土的文物，可以推测在距今7000年前，古埃及人就已经在食用发酵的乳制品了[17]。我们熟悉的优格乳一词（yogurt），源自色雷斯语，意思是“凝结后变得黏稠的奶”。居住在优格乳发源地——巴尔干半岛保加利亚的古代色雷斯人，早在公元前3500年就已经掌握其制作方式，一直流传到现在。

伴随人类文明的迁徙，古人结合当地的食材、环境以及口味偏好，制成了各种各样的发酵食品，包括面包、酸奶、奶酪、泡菜、鱼酱、腊肠、啤酒、葡萄酒、巧克力、茶和酱料等。通过发酵技术，人们不但找到了贮存食物的方法，更得到了原材料所没有的风味和营养物质。不知不觉中，发酵食物中所含的“益生菌”也早已和我们人类亲密相处了几千年。可以说，因为发酵食物的关系，“益生菌”的历史就是一部人类简史。

初探益生菌

1857 年，35 岁的“微生物学之父”——法国微生物学家路易·巴斯德（Louis Pasteur）发表了他在发酵领域的第一篇论文《关于乳酸发酵的记录》。他发现牛奶变酸与微生物生长有关。他运用当时最精密的显微镜，进一步观察了酒精发酵的过程，并在 1860 年提出：发酵是一个生物过程，不同的发酵过程由不同的微生物驱动。没有这些微生物的繁殖及持续活动，酒精的发酵是不可能进行的。

以巴斯德名字命名的研究院，这个迄今为止诞生了十位诺贝尔奖得主的科学圣地，在早期的微生物研究，包括“益生菌”的研究中，发挥了重大作用。巴斯德的追随者——约瑟夫·李斯特（Joseph Lister）在 1878 年先从发馊的牛奶当中分离出乳酸菌，随后巴斯德学院的科学家们又分别在 1880 年和 1888 年两次从人类肠道中分离出乳酸菌。1889 年，该学院的法国儿科医生德席尔（Henry Tissier）在婴幼儿的粪便中发现了双歧杆菌（Bifidobacterium）。通过不懈的研究，他发现该菌是面包喂养婴儿肠道菌中的优势菌，可以作为有益菌用来纠正有害菌引起的急性胃肠炎。他也是第一位提出使用有益菌治疗肠道疾病理念的科学家[18]。①

---

① 在此，也感谢土耳其 Eskisehir Osmangazi 大学儿科学 Ener Cagri Dinleyici 教授给予本书的支持。

益生菌之父

大家公认的“益生菌之父”，还是最早报道益生菌功效的诺贝尔奖获得者梅契尼科夫（Elie Metchnikoff，1845—1916）。他在1906年提出了“肠道中的乳酸杆菌有助长寿”的科学假说并系统阐述了“有益细菌”的观点。在上述基础上，1907年他发表了专著《延年益寿：乐观的研究》（*The Prolongation of Life: Optimistic Studies*）。1908年，他和德国科学家埃尔利希（Paul Ehrlich）因为发现吞噬细胞、建立了细胞免疫学说共同获得了当年的诺贝尔生理学或医学奖。

群星璀璨

接下来的各种益生菌发现，用精彩纷呈来形容是一点都不夸张的。下面只是摘录一些而已，它们之间的关系会在下一章具体介绍。

1900年，莫罗（Ernst Moro）发现嗜酸乳杆菌（Lactobacillus acidophilus），1929年起它才逐渐从人类口腔、肠道及阴道中被分离出来。研究者发现，饮用发酵过程中加入了嗜酸乳杆菌的酸奶，能有效降低牛奶相关的乳糖不耐受症（lactase intolerance）的发生率。这个现象在北美、北欧尤其是白种人中不多见，但在中国、日本、澳大利亚以及非洲非常普遍，表现为食用含乳糖的牛奶后出现的腹泻、腹胀、腹部疼痛和肠胃胀气等不适症状。因此，酸奶发酵剂的经典组合就是嗜酸乳杆菌（简称A菌）和双歧乳杆菌（简称B菌）混合组成的AB发酵剂。上述发现为酸奶这一营养美味的食物风靡全世界奠定了基础。

1930年，医学博士代田稔在日本京都大学的微生物学研究室首次成功地分离出来自人体肠道的干酪乳杆菌（Lactobacillus casei），后来人们引用代田博士的名字，将该菌株命名为代田菌（Lactobacillus casei Shirota）。这就是1935年被最早成功商业化的乳酸菌饮料——养乐多（广东地区称益力多）的主要益生菌成分。现在，全球每天有4 000多万瓶养乐多被售出，养乐多也成为乳酸菌饮料的代名词。

1962年，Reuter博士发现了后来被称为罗伊氏乳杆菌（Lactobacillus reuteri）的菌株。1990年，Casas博士从秘鲁安第斯山脉的一位年轻母亲的乳汁中提炼出了罗伊氏乳杆菌DSM55730，经过改良后，它的姐妹菌株罗伊氏乳杆菌DSM17938开始崭露头角，逐渐确定了它在治疗婴儿肠绞痛、反酸及便秘方面的临床地位。因为是用于婴儿的菌株，所以其遴选、应用都非常严格，它是通过美国食品药物管理局（FDA）和欧洲食品安全局（EFSA）安全认证的菌株。至2017年，全球已售出超过一亿盒含该菌的益生菌产品。

1983年，由美国北卡罗来纳州立大学教授Sherwood Gorbach和Barry Goldin从健康人体的肠道中分离得到一种新型乳酸杆菌——鼠李糖乳杆菌（Lactobacillus rhamnosus GG）。针对早前发现的益生菌的缺点，如双歧杆菌耐氧性差，而嗜热链球菌和保加利亚杆菌定植能力不够，这支菌株从研发阶段开始，就是按照耐氧、耐消化道环境、强定植能力的要求打造的新型益生菌。它也是名副其实的文献记录最完备的益生菌菌株，截至2019年6月，已有超过900篇科学文献在标题中包含鼠李糖乳杆菌，同时它也已在超过300个临床试验中被全面研究。

除了上述几种，还有各式各样的益生菌，这里不再赘述。

敲黑板，划重点

- 人类使用益生菌的历史可以从上千年前的发酵工艺说起，很多发酵食物都和益生菌有关。
- 公认的“益生菌之父”诺贝尔奖获得者梅契尼科夫早在 1906 年就提出了“肠道中的乳酸杆菌有助长寿”的科学假说。

第六章　益生菌家谱

目前，科学家们还在不断分离出新的益生菌，我们还是先从最常见的两个菌属，即双歧杆菌属（bifidobacteria，B.）和乳杆菌属（lactobacilli，L.）开始了解益生菌的整个家谱。实际上，2010 年原卫生部（现国家卫生健康委员会）公布的允许添加的益生菌菌种只有 21 种，即双歧杆菌属 6 种、乳酸杆菌属 14 种，再加上链球菌属（Streptococcus）1 种。所以，对双歧杆菌属和乳杆菌属有一个初步了解，就可以搞定市面上 90% 以上的益生菌类保健食品中的菌种了。

表 3 为原卫生部公布的可添加菌属种，使用标准拉丁名称是为了避免在翻译过程中造成误解。仔细的读者可以看到，笔者在前面提到具体菌的时候，都会列出拉丁名称。在本章系统介绍完之后，笔者会直接使用统一的中文名称。

表 3　可用于食品的菌种名单（卫办监督发〔2010〕65 号）

菌属	菌种	拉丁全名
双歧杆菌属	青春双歧杆菌	B. adolescentis
	动物双歧杆菌（乳双歧杆菌）	B. animalis (B. lactis)
	两歧双歧杆菌	B. bifidum

（续表）

菌属	菌种	拉丁全名
双歧杆菌属	短双歧杆菌	B. breve
	婴儿双歧杆菌	B. infantis
	长双歧杆菌	B. longum
乳杆菌属	嗜酸乳杆菌	L. acidophilus
	干酪乳杆菌	L. casei
	卷曲乳杆菌	L. crispatus
	德氏乳杆菌保加利亚亚种（保加利亚乳杆菌）	L. delbrueckii subsp. Bulgaricus（L. bulgaricus）
	德氏乳杆菌乳亚种	L. delbrueckii subsp. lactis
	发酵乳杆菌	L. fermentum
	格氏乳杆菌	L. gasseri
	瑞士乳杆菌	L.helveticus
	约氏乳杆菌	L. johnsonii
	副干酪乳杆菌	L. paracasei
	植物乳杆菌	L. plantarum
	罗伊氏乳杆菌	L. reuteri
	鼠李糖乳杆菌	L. rhamnosus
	唾液乳杆菌	L. salivarius
链球菌属	嗜热链球菌	S. thermophilus

B.：Bifidobacterium，双歧杆菌属；L.：Lactobacillus，乳杆菌属；S.：Streptococcus，链球菌属

双歧杆菌属

双歧杆菌属（Bifidobacterium）属于放线菌门（Actinobacteria），自从1889年人类首次分离出双歧杆菌后，已经过一百多年的研究和运用。该菌是人体重要的益生菌，也是人体肠道内数量占优势的一种菌。光冈知足博士在《光冈知足说肠内革命》一书中把双歧杆菌推崇为“肠内第一的好细菌”[19]。它发挥着有益于人类健康的七大作用，包括：

1. 保护身体不受病原菌的感染；
2. 抑制肠内的腐败；
3. 合成维生素；
4. 促进肠蠕动，预防便秘的发生；
5. 预防和治疗腹泻；
6. 提高身体的免疫力；
7. 分解致癌物质。

最新的循证研究表明，双歧杆菌可以抑制食源性致病菌生长，并对急性肠炎、肠易激综合征和腹泻都有缓解作用，在药物中使用很早。它的益生机制可能有以下几种：①双歧杆菌本身可以黏附于肠上皮细胞并在肠道中定植；②双歧杆菌的代谢产物，诸如短链脂肪酸、多不饱和脂肪酸衍生物、二氧化碳和过氧化氢可降低肠道内 pH；③双歧杆菌通过促进黏液分泌和强化肠道紧密连接，可强化肠道屏障[20]。

双歧杆菌在人体肠道内的定植数量随着人年龄和健康状态的变化而变化。新生儿出生后数小时，双歧杆菌便开始在肠道中定植。在所有双歧杆菌中，婴儿双歧杆菌和短双歧杆菌只在婴儿的肠道内存在并占优势，其数量会随着年龄增长逐渐减少；成人的肠道内则以青春双歧杆菌和长双歧杆菌为主；在老年人肠道内甚至无任何双歧杆菌存在。所以也有一种说法，肠道内双歧杆菌的数量多少是人体衰老程度的一个标志[19]。

由于双歧杆菌属于厌氧菌，它主要分布在氧气基本用完的大肠中、后段。因为双歧杆菌非常不耐酸，所以不经过特别的筛选或加工处理，直接进入人体的双歧杆菌活菌很难活着到达适合的定植部位。

两歧双歧杆菌

经阴道分娩的胎儿出生后 2～3 天，肠道内就开始出现两歧双歧杆菌，并且快速发展成肠内最优势的菌种，在母乳喂养婴儿肠道中的两歧双歧杆菌和婴儿双歧杆菌的数量可占总菌数量的九成。所以说，两歧双歧杆菌是益生菌的“拓荒者”，它的存在能减少及抑制有害菌的滋生，对婴儿的健康成长有重要的意义。

婴儿双歧杆菌

婴儿双歧杆菌同样是在婴儿粪便中发现的，它能有效缓解人体免疫系统过度反应的炎症性损伤，还能调节胃肠道功能。研究提示，婴儿双歧杆菌对一些严重腹泻有非常好的疗效[21]。

长双歧杆菌

长双歧杆菌是人体内最常见的益生菌，也是人体真正的原生菌种，定植于大肠。2002 年，人类公布的首个双歧杆菌的全基因组就是来自长双歧杆菌。

动物双歧杆菌

动物双歧杆菌是从动物粪便中分离得到的益生菌，也是已发表文献中研究最多的双歧杆菌。它对改善肠道功能、预防腹泻、减少抗生素治疗的副作用（如抗生素腹泻）都有明确效果。它还可以提高机体对常见呼吸道感染的抵抗力，降低急性呼吸道感染的发病率。

乳杆菌属

乳杆菌属（Lactobacillus）属于厚壁菌门，是和人类关系最密切的乳酸菌中最大的一个属。它不像双歧杆菌那么厌氧，分离培养也相对容易，在氧气含量较高的大肠前段以及小肠中的数量很多。正因为乳杆菌属的工业加工条件相对简便，所以较早被商业应用的益生菌都是出自这一属，如最早的嗜酸乳杆菌，养乐多中用的代田菌所属的干酪乳杆菌，还有后起之秀 LGG 菌（鼠李糖乳杆菌）等。由于乳杆菌在自然界中分布也很广，很多发酵食品都和它有关，如泡菜、啤酒、酸菜、葡萄酒和腌制食品等。

嗜酸乳杆菌

嗜酸乳杆菌又称 A 菌，是人类最早商业化运用的菌种，早在 20 世纪 20 年代就被用来制作酸奶，用于改善乳糖不耐受。它也是目前全世界使用最广的乳酸菌菌种。它是小肠内数量最多的细菌，也是一个对人体免疫系统能起到很好的平衡和调节作用的菌种，可以有效抑制腹泻、缓解便秘和降低胆固醇。另外，它还能治疗阴道白念珠菌感染，因此也是女性的好朋友。

鼠李糖乳杆菌

鼠李糖乳杆菌为肠道长驻型，高耐胃酸与高耐胆盐的益生菌种。其中最出名的 LGG 菌株（菌株号 ATCC 53103）于 1983 年被分离出来，并在 1985 年申请专利。L 表示乳杆菌属，GG 则是发现者姓氏的第一个字母（两位美国教授 Sherwood Gorbach 和 Barry Goldin）。LGG 菌是当前世界上研究最多的益生菌，为首批被证实能够在人体肠道存活并定植的益生菌之一，同时也是欧美抗敏研究中备受肯定的菌种。LGG 菌耐胃酸及胆汁，可以活着通过人体的胃部并到达肠道，附着于肠黏膜和肠内上皮细胞，产生抑菌素，促进免疫细胞的增殖作用，同时产生抗体对抗病菌，有助于人体免疫力的提升。

副干酪乳杆菌

研究显示，副干酪乳杆菌（Lactobacillus paracasei，LP）可以促使人体的免疫细胞合成免疫递质，抑制呼吸道炎症反应，且极耐胃酸及胆盐，在肠道中定植效果非常好，因此被用来减轻过敏症状[22]。许庭源博士在 2004 年从健康婴儿肠道中筛选出来的适合东方人服用的第一株抗过敏益生菌——LP33 就是一种副干酪乳杆菌，后来同样获得专利的可以改善过敏的 LP BRAP-01 也是其中的一种。

非乳酸菌类益生菌

非乳酸菌类益生菌包括可以缓解急性腹泻、炎症性肠病的布拉迪酵母（Saccharomyces boulardii）；可以缓解急性和慢性腹泻、慢性便秘、腹胀以及消化困难的芽孢杆菌（Bacillus）；还有可以起到免疫调节作用，预防肿瘤的丁酸梭菌（又叫酪酸梭菌）等。由于它们不在原卫生部公布的可在食物中安全添加的益生菌名单中，所以我们更多地会在微生态制剂中见到它们，比如，用于治疗腹泻的米雅 BM（MIYAIRI 588）所含的就是酪酸梭状芽孢杆菌，整肠生中用的则是地衣芽孢杆菌（BL20386）。

真实肠道环境下的菌群

健康人体的肠道环境是由有益菌、中性菌和有害菌构成的。上面介绍的这些有益于身体健康的菌，是健康肠道中的优势菌群。中性菌（如肠球菌、大肠杆菌等）不同于其他病原体，也定植于肠道，在正常情况下对健康有益，但一旦增殖失控，或从肠道转移到身体其他部位，就可能引发许多问题。而有害菌是具有潜在的致病活性或腐败活性的菌，例如艰难梭菌，它是人类伪膜性结肠炎的罪魁祸首[23]。

机体内的正常菌群之间相互依存、相互竞争，菌群与宿主之间同样相互依赖、相互制约。当人体健康时，这种正常的动态关系处于微生态平衡状态；反之，当宿主、肠道菌群或外界环境等因素变化，打破了微生态平衡，就会导致微生态失调。而人体微生态失调是很多慢性病的主要病因。

敲黑板，划重点

- 益生菌中，双歧杆菌属、乳杆菌属是最常见的两个菌属。
- 健康人体的肠道环境是由有益菌、有害菌和中性菌构成的。

第七章　庞大产业

大部分人想到益生菌产业，可能会想到酸奶、益生菌以及众多号称能通便、减肥的产品，却并不了解这已经是涵盖了基因组学及检测、新药和新疗法研发、医疗器械、健康管理、营养保健及特医食品（特殊医学用途配方食品），甚至有机农业、动物营养的巨大领域。据估计，全球的益生菌产品市场份额会从2015年的370亿美元上升到2023年的640亿美元[24]。限于篇幅，这里只讨论与本书相关的产业历史与前景。

老牌劲旅——酸奶

说到益生菌工业化生产，尽管其早已经是一个巨大的产业群，但对大众来说，脑子里的第一反应还是酸奶。酸奶是一种酸甜口味的牛奶饮品，是以牛奶为原料，经过巴氏杀菌后向牛奶中添加有益菌（发酵剂），经发酵后，再冷却灌装的一种牛奶制品。

尽管早在1911年，上海可的牛奶公司（光明乳业前身）就开始用机器生产酸奶，但是酸奶生产技术工艺的真正起步要到20世纪80年代，而国内酸奶国家标准《酸牛乳》（GB 2746—1999）是到1999年才发布的，现行标准是《食品安全国家标准：发酵乳》（GB 19302—2010）。到2017年，中国的酸奶市场达到了1 220亿的规模，首次超越牛奶的销售额。

单从补充益生菌的角度来看，尽管部分酸奶已经有一些益生菌的添加，但并不能实现补充益生菌的初衷，该部分内容会在第二部分的附录中展开说明。不过，说到这里，就要提到另一个离益生菌更近的产品——乳酸菌饮料。

后起之秀——乳酸菌饮料

为了区分酸奶和乳酸菌饮料，这里特地把它们分开讲述。先说定义，乳酸菌饮料是指以乳或乳制品为原料，在经乳酸菌发酵制得的乳液中加入水，以及食糖、甜味剂、酸味剂、果汁、茶、咖啡、植物提取液等的一种或几种调制而成的饮料。

从定义上就可以看到，首先，乳酸菌饮料制作中所涉及的乳酸菌不全是益生菌。乳酸菌在自然界分布极为广泛，至少包含18个属，200多种。除了乳杆菌属，乳酸菌还有片球菌属、链球菌属等，这些都和益生菌没有关系。还有一类乳酸菌饮料干脆做成杀菌（非活菌）型的，这样做口感丝毫不变，却能销得更远、存得更长、无冷链要求，而且更加稳定，但既然是非活菌，就和益生菌不沾边了。其次，乳酸菌饮料说到底还是饮料。饮料就必须照顾口感，通过高糖分、甜味剂来确保口感是业内普遍的做法。很多乳酸菌饮料含糖量超标，一点都不健康。

当红明星——益生菌补充剂

补充益生菌最直接、最稳妥的方式还是使用益生菌补充剂。一方面，大家逐渐认识到肠道菌群对身体健康的重要性，以及膳食成分对肠道菌群的有效干预；另一方面，高节奏的现代生活又带来了诸如工作压力、长期久坐、垃圾食品、抗生素滥用和过量酒精等伤害有益菌的因素。因此，善待肠道、补充益生菌之风逐渐风靡起来。在美国，每十年进行一次的全国健康与营养调查中，研究人员追踪了1999—2012年37 958位成年人营养素食品的使用状况，随后他们发现，2011—2012年受访者益生菌补充剂的使用量是1999—2000年的两倍[25]。仅在美国就有390万人定期服用益生菌补充剂，60%的医疗机构也会给患者开具处方服用益生菌。

为了防止读者混淆上述三大类产品，笔者特地对比了益生菌补充剂、乳酸菌饮料和酸奶在补充益生菌方面的表现以及主要的功效和问题（表4）。为公平起见，比较是在确保各类产品的生产、运输、售卖及保存等步骤都正常的情况下进行的。从表4不难看出，尽管益生菌补充剂也有着相应的问题，但是要说起益生菌补充这件事，性价比最高的非益生菌补充剂莫属。

表4　酸奶、乳酸菌饮料、益生菌补充剂的益生菌补充效果比较

	酸奶（发酵乳）	乳酸菌饮料	益生菌补充剂
益生菌成分	乳酸杆菌、嗜热链球菌、双歧杆菌等	相关乳酸菌	各种益生菌菌种
益生菌数量	总体低	总体低	高
益生菌活性	很难保证	很难保证	好
益生菌定植	差	略优于酸奶	好
主要功效	缓解乳糖不耐受者对乳清蛋白的需求	促进肠胃消化，缓解便秘等	益生菌相应功效

（续表）

	酸奶（发酵乳）	乳酸菌饮料	益生菌补充剂
主要问题	多数酸奶碳水化合物含量高，对生产、运输、售卖及保存各环节要求高	糖分含量普遍较高，乳清蛋白含量普遍较低	功效持续时间短，个性化差异明显，价格偏高

有数据显示，2017 年全球益生菌产品（包括益生菌补充剂与益生菌酸奶）市场规模约 360 亿美元，其中中国市场规模约 455 亿元，益生菌补充剂市场已经成为增速最快的细分领域之一。受生育政策和老龄化的影响，中国对益生菌产品的需求量快速增长。《杜邦营养与健康中国益生菌市场专项调研 2018》显示，预计至 2021 年，中国益生菌补充剂市场规模年复合增长率达到 20.6%，同时产品线也会不断扩张，届时将覆盖包括孕妇、婴儿、儿童、青少年、成人及老年人在内的全年龄段人群。

中国益生菌补充剂市场起步较晚，在产业快速发展的同时，优胜劣汰的行业规律也在悄无声息地规范市场，更专业、更高品质的益生菌产品终能获得市场青睐。只有为更多国内消费者提供更优质、更专业的健康价值，益生菌产品才能迎来更加美好的未来。

未来已来——微生物组产业

不知大家有没有想过一个问题，按照之前介绍的，肠道里的细菌这么多，数量甚至多过人体自身的细胞量，又该怎么分析它们的种类和数量呢？难道靠人工一个一个地去提取培养吗？这就不得不提到高通量测序技术了。正是这项上游技术，让本书第二部分的诸多研究变成可能，而这只是“人类微生物组产业”的冰山一角。随着它在疾病研究领域的发展，以微生物组为靶点的检测诊断、健康管理、菌群移植和生物治疗正在成为精准医疗的重要组成部分。微生物组的检测诊断就是通过检测身体不同部位，如通过肠道菌群的实时监测，借助一些分子标志物，预测疾病风险，从而实现对慢性疾病的早期发现、早期预防和早期干预。微生物组的健康管理，就是通过人类微生物组菌群成分的变化，来采集体内环境的健康信息，进而实时监控人体健康状况。菌群移植是将健康者的肠道菌群转移到患者肠道中来修复患者的菌群系统，实现肠道及肠道外疾病的治疗。生物治疗是开发以人类微生物组为靶点的药物或制剂。这些中下游产业已经构建了未来整个微生物组产业的雏形。

2016 年 10 月，美国克利夫兰医学中心预测了“2017 年十大医疗科技创新”，其中，基于人类微生物组的预防、诊断和治疗位居榜单第一位。至 2019 年年底，全球人类微生物组产品和用于诊断及治疗的干预措施的价值估计在 2.75 亿～4 亿美元。预计到 2024 年，这一数字将达到 7.5 亿～19 亿美元。而在国内，尽管相关的法律法规还不够健全，但微生物组产业已经开始蓬勃发展，尤其是益生菌功能性食品、益生菌补充剂的开发，还有我国传统特色的中医药和药膳转化，相信它一定会成为大健康产业的重要支柱，迎来颠覆传统认知的巨大产业变革。一项伟大的事业已经启航，未来已来！

敲黑板，划重点

- 益生菌补充剂是补充益生菌性价比最高的方式。
- 微生物组产业已经启动，一定会成为大健康产业的重要支柱。

附：益生菌产品选购小贴士

都说“买的永远没有卖的精”，益生菌产品也是一样。这里推荐“四步走”的原则，作为选购益生菌产品的参考。

1. 看标识

益生菌产品的标识，是帮助消费者最快了解该产品的工具。早在2006年，联合国粮食及农业组织和世界卫生组织就建议益生菌产品必须使用标签信息，具体内容需包含：益生菌的菌属、菌种和菌株的信息，保质期，以及可以确保的最小活菌数量。双歧杆菌属和乳杆菌属是最常见的菌群种类。注意，只有活体微生物才能被称为益生菌。很多产品用的是菌群水解产物（化妆品中尤其多见）、灭活菌（剂量可以高到吓人），这些都不属于益生菌产品。

菌种名称必须使用规范的中、英文名称，第六章中已经把所有可正规添加的菌种一一列明，大家可以参考。由于跨境电商、海外代购的关系，现在大众接触进口的益生菌产品的机会也很多，在拿到相应标识的时候，借助第六章的中英文对照表，也能轻松知道自己正在用的是哪个菌种，不在表中的菌种，就是国内还不允许合法添加的。

这里要特别强调一下菌株的问题，由于同一菌种不同菌株的基因组差别可以很大，大到相应功能可以完全不一样，因此请一定看清自己服用的菌株号。

2. 看数量

有效的益生菌产品一定要确保活菌的数量，一般百亿级产品持续每天摄入，才可能达到预期目标。正如前文所介绍，肠道内细菌总量是百兆级的，尽管其中绝大多数是中性菌，但只有当有益菌达到相当数量级别的时候，才能让肠道内“正气抬头”，中性菌才能倒向有益菌。推荐日常每种益生菌菌株摄入量为 10^{10} CFU/d，即 100 亿就能起到“四两拨千斤”的作用。此外，补充益生菌，改善肠道菌群平衡是长期工程，不能急于求成。每日补充数量多了未必就好，一则代价太高，二则可能欲速不达，具体在第二部分附录的十大认知误区中将详细说明。

3. 看添加

拉开不同益生菌产品价格的一个重要方面，就是它的添加成分。大家在关注产品价格的同时，一定要留意产品的添加成分。因为益生元可以有效辅助益生菌发挥作用，所以寡糖和膳食纤维等益生元成分的加入可以起到“1+1>2”的作用。再有，各种功能性原料的添加会让益生菌产品更加贴近每个人的需求。这时就需要结合自己的应用需求来确定了。如需要调整功能性消化不良的人群，消化酶的加入会让益生菌“如虎添翼”，而蔓越莓的添加会让女性尿路感染的改善效果更加明显。建议从实际的应用需求出发，选择合适的产品。

4. 看效期

保质期是务必要认真看的，尤其是有低温保存要求的，生产日期肯定越近越好。目前，普遍的工艺可以做到两年保质期，而且低温保存已非必要。只要菌株稳定，封装技术好，外界不是极端的温度、湿度，菌株进入体内后的活性还是可以保证的。另外，保存方式也要认真看。益生菌相当怕高温，所以保存温度千万不要超过45℃，对于暂时不用的益生菌补充剂，还是建议放入冰箱冷藏保存。

当然，益生菌产品的选购，还有一个基本的食品安全问题。因为现在国内外各种产品很多，执行的生产标准、安全标准也是五花八门，而国内外相关的监管也是参照保健食品居多。所以建议选择有GMP认证[①]的制作厂家，不要盲目相信大品牌或营销广告，因为它可能是别的领域的“大牛”，但在益生菌补充剂这方面才刚起步。

① GMP是英文Good Manufacturing Practice的缩写，中文含义是“良好生产规范”。世卫组织将GMP定义为指导食物、药品、医疗产品生产和质量管理的法规。

第二部分

十项全能的益生菌

早在公元前3世纪，现代医学之父希波克拉底（Hippocrates）就提出“所有疾病都始于肠道”。中医也说“脾胃为后天之本”。这一理念的科学论证，直到21世纪初才一点点揭开她神秘的面纱。有关肠道菌群与人体生命健康的关系，以及通过益生菌来预防和治疗相关疾病的研究，近年来已成为国内外临床研究和转化的热点。来自国际医学文献库的统计显示，以“微生物”和“肠道菌群”为关键词发表的数量，1999—2019年呈千百倍地增长，用“风口”来形容丝毫不夸张。众多研究表明，肠道菌群与肥胖、高血压、心脑血管疾病、糖尿病、癌症、痛风、儿童保健、长寿、抑郁症和孤独症（又称自闭症）等人体生命健康情况都密切相关。

益生菌参与的生理过程包括免疫应答、解毒、炎症反应、神经递质和维生素的合成、养分吸收以及碳水化合物和脂肪的分解等。因此，益生菌作为肠道菌群中对人体健康有益的代表，用“十项全能”来形容是一点都不为过的。

第八章　健胃整肠的“网红”

益生菌最为大家熟悉并接受的功能还是“健胃整肠”。目前，已有上万篇公开发表的学术论文研究了不同益生菌菌株的各种功能，证实益生菌的核心功能是改善人体胃肠道健康，如平衡肠道菌群、缓解肠道炎症、缓解肠易激综合征等。世界胃肠病学组织（WGO）早在 2011 年就指出，益生菌在缓解腹泻、便秘等方面的功效都有着“强有力的证据”。2017 年，WGO 再次指出益生菌可以有效防治消化道疾病，比如缓解肠道炎症性疾病及肠易激综合征等。

功能性便秘，有效，无效?

便秘是当代人，尤其是上班族、老年人经常遇到的困扰。喝水少、缺乏运动、缺乏膳食纤维摄入、排便不规律，都是造成便秘的原因。在便秘患者中，除极少数因肠粘连、肠梗阻等引起的器质性便秘外，绝大多数属于功能性便秘。平均每 16 个成年人中，就会有 1 人饱受便秘之苦，尤其是在老年人和有生育史的女性中，这个情况更是普遍。

针对成年人的功能性便秘，Dimid 汇总了 14 个来自全世界高质量的临床随机对照试验结论，发现摄入益生菌后，受试者粪便停留肠道时间、排便频率和排便顺畅性都有所改善，并且没有观察到明显的不良反应。另外这种改变在服用乳双歧杆菌者中更加明显，而在食用干酪乳杆菌者中则效果不明确[26]。上述的结论再次说明，益生菌的效果必须结合具体的菌种和菌株来谈，泛泛而谈的建议对使用者来说没有参考意义。

与学术界下结论时的"小心谨慎"不同，老百姓看的是实效，使用益生菌产品改善便秘已得到大家的广泛认同。一方面，益生菌能改善肠道菌群，菌群平衡的好处自然不必多说；另一方面，益生菌的代谢产物（乙酸、丁酸等）也能调节肠道敏感度及蠕动。另外，有些益生菌还能够通过影响乳糖和短链脂肪酸的水平来调整水、电解质的分泌吸收，改善肠腔内环境。当然，便秘的改善离不开好的排便习惯（包括足量饮水，还有蔬菜水果的摄入等），这里就不展开说了。

各种腹泻：益生菌通吃

由于腹泻而引发生命危险，似乎已经是上上个世纪的事情了。但就在20世纪90年代，腹泻在国内还是第八位的死亡原因。究其原因，主要由婴幼儿腹泻引起。婴幼儿胃肠道弱，免疫系统尚未成熟，体液储备又少，极易因各种因素，甚至很多非感染因素，引起腹泻。又因为适合小朋友的治疗药物和手段较少，严重时便会威胁到生命。而益生菌则老少皆宜，是各种状况都可以出力的"好帮手"。

感染性腹泻

尽管肠道菌群与腹泻相互作用的机制尚不完全明确，但肠道微生态治疗感染性腹泻早已融入临床。在我们的日常诊疗中，微生态制剂早已逐渐普及，它们可以恢复肠道菌群多样性，重建菌群平衡，修复肠道黏膜屏障，维持肠道内环境稳定，对腹泻症状的缓解和病程的缩短都有着可靠和积极的效果。最重要的是，使用益生菌少有不良反应，老年人、6 个月以上的婴幼儿都可以放心使用。

旅游者腹泻

旅游者腹泻也属于感染性腹泻，是旅游者去其他国家和地区发生的腹泻，由于国际往来频繁，本病的发生率也与日俱增。使用益生菌类补充剂来预防旅游者腹泻的效果还是值得肯定的。出远门时，带上对自己有帮助的益生菌，也能多一份这方面的保障。

抗生素相关腹泻

无论是围绕成人和儿童[27]，还是只在儿童范围[28]，都有高质量的临床研究汇总分析，提示在治疗感染性疾病时，使用抗生素通常会引发腹泻症状，而益生菌可以有效预防抗生素相关腹泻。其中，第一篇是由南加州循证医学中心发表在 *The Journal of the American Medical Association* 上的，汇总的研究数量达到 63 篇，病例数也达到了上万人。而后面一篇，则是由加拿大戴尔豪斯大学（Dalhousie University）的 Bradley Johnston 教授主持，选用了最严格的考科兰（Cochrance）循证医学研究方法得出的结果。他们还对不同菌种做了进一步的分析，结果获得较强推荐的是鼠李糖乳杆菌和布拉迪酵母菌。

艰难梭菌相关腹泻

艰难梭菌相关腹泻（clostridium difficile associated diarrhea，CDAD）是病原菌为艰难梭菌的一类抗生素相关腹泻。之所以单列，是由于近年来随着广谱抗生素的广泛使用，其发病率急剧增加，且病死率高达 7%，迅速成为医院相关性腹泻的首要病因。治疗该病十分棘手，因此，针对高危病例进行有效预防就是主要的应对策略。Johnston 教授主持的 Cochrance Collaboration 研究中，同样证实益生菌可以预防性地降低 CDAD 风险，其有效率为 64%[29, 30]。益生菌在治疗艰难梭菌相关腹泻方面的作用真是不可小觑。

缓解肠易激综合征的苦恼

肠易激综合征（irritable bowel syndrome，IBS），是一种以腹痛或腹部不适伴有排便习惯改变和（或）粪便性状改变为特点的胃肠道功能性疾病。10%～15% 的人患有该病，以长期的腹泻（26%）和解便不干净（24.8%）为典型症状。有一位老教授说，IBS 其实是病又不是病。说它不是病，上面的症状不是假的；说它是病，它的发作和很多因素有关，精神压力大、焦虑抑郁者的症状更加严重。在临床上，也是先把它和重要的疾病区分开，优先处理其他疾病，再慢慢处理 IBS，这时益生菌就可以大显身手了。

加拿大麦克马斯特大学的 Moayyedi 教授是研究益生菌治疗 IBS 的专家。2018 年 10 月他在 *Alimentary Pharmacology & Therapeutics* 上发表了自己最新的研究成果[31]。同 2010 年的研究成果相比，这次总共纳入 53 组高质量的随机对照试验，研究对象也从单纯的益生菌，加入了益生元、合生元。研究发现，无论是复合益生菌的混合制剂，还是单一益生菌种，对缓解 IBS 症状都有确切效果。但要具体到个人，需要明确使用何种菌株才能真正有效。

上述结论与笔者在实际临床工作中的感受是一致的。尽管明确知道益生菌能够帮到患者，但在具体的益生菌菌株选择上的确有些盲目。好在正如文章中提示的，总体上双歧杆菌属在控制症状方面优于乳酸杆菌属。依靠益生菌调节肠道菌群，改善免疫力，进而缓解肠道炎症，是益生菌能够缓解 IBS 症状的原因所在。

越辩越明的真理

说了效果明确的，一定得说说还不明确的，比如说婴幼儿急性胃肠炎。2018 年 11 月，*The New England Journal of Medicine* 连发了两篇分别由加拿大和美国的儿科医生在急诊室中完成的随机对照试验[32]。两项试验都是使用的明星菌株（一组是鼠李糖乳杆菌 R0011 和瑞士乳杆菌 R0052 复合益生菌，一组是鼠李糖乳杆菌 LGG），都是在婴幼儿确诊急性胃肠炎后连续使用 5 天（前者 40 亿 CFU 每天 2 次，后者 100 亿 CFU 每天 2 次），都是 14 天后评估它们的临床效果，结果两项试验对患儿的急性胃肠炎治疗均无效。

这两项让人大跌眼镜的研究结论，立即引起了学术界、产业界和民众的热议。要知道，2014 年欧洲儿科胃肠病学、肝病学及营养学协会公布的指南对鼠李糖乳杆菌 LGG 还是强烈推荐的；而在美国的这项研究用的 LGG 菌株可是商业化益生菌菌株供应商三巨头之一科汉森公司的产品，背后是数以亿计的商业运作；而在婴幼儿有限的用药选择当中，益生菌产品一直备受妈妈们的信赖。这下可都乱套了！

对此，波兰华沙大学儿科学的 Hania Szajewska 教授，把她们团队在 2013 年的关于鼠李糖乳杆菌 LGG 治疗婴幼儿急性胃肠炎的汇总性研究，又结合 2013—2019 年发表的高质量随机对照试验结果，马上做了更新[33]。相较 2013 年的研究[34]，更新后的研究结果还是力挺益生菌。将 18 组随机对照试验汇总后，还是显示鼠李糖乳杆菌 LGG 可以缩短婴幼儿腹泻延续时间及住院时间，而且在欧洲的使用效果优于其他地区。显然，加上了地区限制的结果更加科学，更加让人信服。要知道，鼠李糖乳杆菌 LGG 的采集地就在欧洲，不同地区、不同饮食、不同生活习惯甚至是不同遗传背景的人群，对于同样的益生菌菌株的效果不一定相同。因此，在美国的试验无效，不代表在欧洲无效；同理，在欧洲的试验有效，不代表在我们国家有效。

中华预防医学会微生态学分会儿科学组在 2010 年发布相关共识后，结合最新的依据，也在 2017 年发布了最新的《益生菌儿科临床应用循证指南》。其中，胃肠道疾病在儿科方面应用最多的，还是腹泻（最高级推荐布拉酵母菌，双歧杆菌三联制剂）和功能性便秘（最高级推荐双歧杆菌三联制剂）。需要特别指出的是，该版指南中所使用的益生菌菌株偏重微生态制剂[①]，相信今后的指南中会包含更多在实际生活中普遍使用的益生菌补充剂。

敲黑板，划重点

- 益生菌在功能性便秘、腹泻以及肠易激综合征等方面有确切的预防和治疗效果。
- 益生菌的具体选择还是要结合国内情况，结合具体菌株。

---

① 微生态制剂：又名促生素、利生素，是从动物或自然界分离，鉴定或通过生物工程人工组建的有益微生物。

第九章　未雨绸缪，预防过敏性疾病

过敏性疾病包括食物过敏、特应性皮炎或湿疹、过敏性鼻炎和过敏性哮喘等。不光是医生，很多妈妈对上述这些疾病也是熟悉得不能再熟悉了。随着疾病谱的改变，过敏性疾病已成为21世纪常见疾病之一，影响了全球约25%的人群[35]。中国的情况也是一样：重庆地区2岁以内儿童食物过敏检出率为3.5%～7.7%，全中国过敏性鼻炎患病率为4%～38%；从变化趋势上分析，2015年中国1～7岁儿童特应性皮炎湿疹患病率为12.94%，而这一数字在2002年是3.07%；2010年中国14岁以下城市儿童平均哮喘患病率已达到3.02%，2019年的患病率为2.38%，这个数字较10年、20年前分别上升了43.4%和147.9%[36]。

由于物质生活水平提高、公共卫生服务改善，传统的营养性疾病和感染性疾病对婴幼儿及儿童健康的影响逐渐减少，伴随而来的是过敏性疾病的影响日益严重，而且不同过敏性疾病来袭的年纪还有差异。3岁是一个节点，儿童3岁后过敏性疾病的患病率大幅升高。3岁是食物过敏患病率峰值年龄，患病率为10.2%；4岁是哮喘的患病率峰值年龄，患病率为8.0%；5岁是过敏性鼻炎、湿疹和药物过敏的患病率峰值年龄，患病率分别为32.5%、28.7%和14.6%[37]。容易过敏的小朋友真的是受罪，仿佛中了“魔咒”，反复被各种过敏性疾病折磨，而妈妈们则是“疲于奔命”，被这首此起彼伏的“交响曲”搞得心力憔悴。到底是什么原因造成近年来过敏性疾病发生率快速增加？我们该如何有效预防和治疗过敏性疾病？自从人类微生物组的概念进入大家视野后，上述问题的解释和对策又多了一道风景线。

从“卫生假说”到“生物多样性假说”

先说全球范围过敏性疾病和自身免疫性疾病急剧增加的原因。“卫生假说”最早在1989年被提出，研究者发现，家里有多个孩子时，小儿湿疹和花粉过敏的发病率会下降。并且分析认为，孩子人数较多时，细菌导致的感染性疾病的传播会加快。因而他们猜测，幼年期儿童接触相对较多的细菌，可能有利于降低过敏性疾病或自身免疫性疾病的发病率。换言之，“不干不净，反而不生病”（过敏性疾病或自身免疫性疾病）[38]。

随着对人类微生物组认识的深入，2013年世界过敏组织（World Allergy Organization，WAO）发布官方声明，将“卫生假说”升级为“生物多样性假说”，即把原来的“卫生假说”所提到的“不干不净”，具体明确为人体周围环境接触的微生物多样性以及人体自身内部在肠道和皮肤等部位共生菌群的多样性[39]。也就是说，无论是外界还是自身，接触的微生物不够，就会造成过敏性疾病发病率升高。该学说的依据表现在儿童呼吸道过敏的情况与食物中毒的数量成反比；出生后第一周肠道菌群多样性较低的婴儿，在未来18个月内特应性皮炎/湿疹发生率高；而接触外界环境中细菌和真菌多（如在农场长大、接触马厩和饮用未加工奶）的儿童的哮喘发生率低于城市儿童[40]。

人类与微生物群落的良好互动，对预防过敏性疾病有帮助！有关的研究证据如雨后春笋般涌出，如通过自然分娩使婴儿接触母亲产道内的菌群对哮喘的预防也是有益的，因此剖宫产的孩子哮喘患病率高于自然分娩的孩子；有湿疹家族史的妈妈在生产前就开始服用益生菌补充剂 2～4 周，婴儿出生后连续服用相同益生菌补充剂 6 个月，湿疹患病率较对照组可以降低 50%[41]！这些都是非常有趣的发现，每当和怀孕的准妈妈讲起这些，她们都会对微生物的力量啧啧称奇。

第二个跷跷板

从上面的介绍可以看出，感染性疾病和过敏性疾病就像一个跷跷板，在前工业化时代及工业化时代早期，感染性疾病占多的时候，很少听说有过敏性疾病，而后工业化时代的今天，感染性疾病少了，过敏性疾病开始激增。

说到过敏性疾病，还有第二个跷跷板，就是它的发病机制：Th 细胞跷跷板理论。我们知道，所谓“过敏性发炎反应”，就是免疫系统对过敏原产生特异性免疫球蛋白 IgE 抗体。这种引起炎症反应的免疫途径，我们称为第二型 $CD4^+$ T 细胞（Th2）免疫通路，而与之拮抗平衡的还有另一种第一型 $CD4^+$ T 细胞（Th1）免疫通路。它们两个就像跷跷板的两边，其微妙的平衡保持着人体的健康。而过敏性疾病患者则是 Th2 免疫途径过强，或者是辅助 T 细胞功能低下。

如同表 1 中所介绍，辅助性 T 细胞在适应性免疫中起着非常重要的控制枢纽作用。如果入侵的是细菌、寄生虫或过敏原，它会启动 Th2 通路，这时 Th2 细胞会释放自己特有的细胞因子（IL-10）去活化 B 细胞，使之产生抗体，应对外敌的入侵。而在病毒进犯的时候，辅助性 T 细胞则会激发 Th1 路径，这时 Th1 细胞会分泌另一种细胞因子（INF-γ），直接指派细胞毒性 T 细胞去攻击病毒。为了避免内部竞争，Th1 和 Th2 之间是相互拮抗的，当一个被激活时，另一个就会被抑制，所以，它们之间的平衡又叫 Th 细胞跷跷板理论。

在婴儿刚出生时，免疫系统是倾向 Th2 免疫路径的，如果在幼年时时常受到细菌或寄生虫的感染，就会使免疫系统发展出较强的 Th1 免疫路径。因此，生命早期的微生物暴露可以刺激婴幼儿 Th1 细胞的分化，使得 Th1 / Th2 达到平衡，避免相对过多的 Th2 细胞分泌细胞因子，过度刺激 B 细胞引起 IgE 增加，从而降低过敏性疾病的发生率。反之，如果婴儿期肠道微生物对肠道黏膜的刺激不够，那么出生后婴儿免疫系统的成熟就会变缓，导致婴儿过敏性疾病发病率的上升[42]。

不能让孩子输在免疫的起跑线上

根据上面的分析，过敏性疾病的发生发展与婴幼儿早期肠道菌群关系密切，而婴儿时期是肠道菌群形成的关键时期，维持婴儿肠道菌群平衡对其免疫功能和生长发育具有重要意义。那么，回到本章提出的第二个问题，我们该如何有效预防和治疗过敏性疾病？不过目前已有的汇总研究依据[43, 44]，似乎没有支持使用益生菌来治疗或改善食物过敏、哮喘、湿疹和过敏性鼻炎的，尤其是对成年人的治疗效果不明确。这里笔者想说三点。

第一，对成年人的过敏性疾病功效不佳是情理之中的。成年人中最多见的是过敏性鼻炎和哮喘，而这两样疾病很多都是从年幼的时候就开始的。“冰冻三尺，非一日之寒”，有些病人甚至解剖结构都发生了病理性改变，指望几种特异性的菌株就搞定很多人的老问题，着实有点难度。

第二，婴幼儿湿疹预防。2019 版《儿童过敏性疾病诊断及治疗专家共识》

明确指出，益生菌可用于预防小儿湿疹[36]。从已经掌握的资料来看，无论妈妈是产前还是产后服用，或是宝宝一起服用，都能有效预防婴幼儿湿疹。使用益生菌预防婴幼儿湿疹值得认真践行，特别是对有湿疹家族史的妈妈。

第三，即使用来治疗不行，也能够通过对自身菌群友好的方式来起到积极预防的作用。如同笔者在第三章中提到的，自然分娩、母乳喂养、慎用抗生素、让孩子多接触大自然，这些都会影响婴幼儿肠道菌群的构成，进而减少过敏性疾病的发生。另外，婴儿肠道菌群失衡的情况也有很多，需要采取一定的措施保证婴儿肠道菌群的健康发展。要像保护孩子的眼睛一样，保护孩子的肠道菌群，让他们不输在免疫的起跑线上。

但如果已错过了预防阶段，出现了过敏性疾病，也不用慌，本书第三部分会告诉您，如何使用个性化益生菌有效治疗，这里先卖个关子。

敲黑板，划重点

- 过敏性疾病多发与微生物接触不够有关。
- 益生菌用于过敏性疾病，预防意义更大；如需治疗，可选择个性化益生菌。

第十章　防控代谢综合征的好帮手

如果说过敏性疾病的重灾区在儿童，那么成年人绝对是代谢综合征的重灾区。《2020上海职场白领健康指数报告》中显示，男性白领体检检出率排名前五的异常情况分别为：体重超重（60.49%）、脂肪肝（36.92%）、尿酸偏高（29.44%）、慢性咽炎（25.37%）和肝脂肪浸润（21.32%）。在女性白领中，体重超重者则占比23.55%。体重超重与脂肪肝、脂肪浸润是一对“好兄弟”，与糖类、脂肪类高热量食物摄入过多、运动消耗过少直接相关。

在中国，成年人代谢综合征的患病率是惊人的，其中糖尿病为10.9%，高血压为23.2%，腹型肥胖为31.5%，高脂血症为40.4%，丝毫不输发达国家。更让人担心的是，中国的激增趋势远远高于发达国家。以肥胖为例，根据中国疾病预防控制中心慢性非传染性疾病预防控制中心王丽敏研究员团队2019年发布的数据[45]，到2014年，中国成年人的普通型肥胖率为14.0%，而在10年前，该项数字仅为3.3%。在2004年时，就有25.9%的中国人有腹型肥胖，10年后更是达到了31.5%。在2004到2014年的10年间，中国成年人普通型肥胖率增长大约90%，腹型肥胖率增长超过50%。再说糖尿病，国际糖尿病联盟在2019年公布的《全球糖尿病地图（第9版）》中，也指出中国是糖尿病患病率增长最快的国家之一，目前，全球4.63亿成人糖尿病患者有1.16亿来自中国，占比达到了25%。

现身吧，代谢综合征

对代谢综合征的定义和诊断标准，尽管各个专业组织说法不一，但“三高”（高血压、高血糖、高血脂）都是标配。中华医学会糖尿病学分会2017年版《中国2型糖尿病防治指南》中指出：代谢综合征是一组以肥胖、高血糖、血脂异常以及高血压等聚集发病、严重影响机体健康的临床症候群。具体诊断标准如下：①腹型肥胖，男性腰围≥ 90 cm，女性腰围≥ 85 cm；②高血糖，空腹血糖≥ 6.1 mmol/L或餐后2小时血糖≥ 7.8 mmol/L和（或）已确诊为糖尿病并治疗者；③高血压，血压≥ 130/85 mmHg和（或）已确认为高血压病患者；④空腹总甘油三酯（TG）≥ 1.70 mmol/L；⑤空腹高密度脂蛋白（HDL-C）<1.04 mmol/L。以上五项中具备三项或更多项即可诊断。

诊断标准看似简单，尤其是第一项，软尺一量就能明确，男生90 cm、女生85 cm，超过的就有“腹型肥胖”之嫌。可问问周围人，有多少知道这个国人的参考值，就可以知道大家对代谢综合征的了解程度了。其实，只要简单体检，就可以轻松得知“三高”，但由于健康意识不足，最多只有总人口的1/3的人有定期体检的习惯，再加上它们的症状非常隐匿，所以实际知晓率不足50%。以上种种，带来了“三高”所对应的“三低”，即知晓率低，服药率低，达标率低。

此外，以下3种情况虽然不在代谢综合征的定义之列，但也属于代谢性疾病范畴，必须引起重视。第一个是空腹血糖受损，是指餐后2小时血糖正常，而空腹血糖已超过正常的情况，它和糖耐量受损一起构成了“糖尿病前期”，2013 年由国内权威部门发布的调查报告提示糖尿病及糖尿病前期的人口，已占总人口的 35.7%。第二个是高尿酸血症，也就是继三高后的“第四高”。由于高尿酸血症会直接导致痛风风险增加，也日益受到重视。我国目前高尿酸血症患者人数已达 1.7 亿，其中痛风患者超过 8 000 万人，而且正以每年 9.7% 的年增长率迅速增加，成为仅次于糖尿病的第二大代谢类疾病。第三个是非酒精性脂肪肝，顾名思义，这个脂肪肝与酒精摄入没有关系。数据显示，非酒精性脂肪肝已经成为全球累及人数最多的肝脏慢性疾病，全球患病率高达 25%，而中国的患病率为 29.2%，而且脂肪肝更“偏爱”中年、男性及高收入人群。在亚洲人的脂肪肝中，“瘦型”脂肪肝较西方人更常见。所以，亚洲人即使在没有超重或肥胖的情况下，也躲不过脂肪肝的困扰。

再说下对代谢综合征的危害了解程度。以肥胖为例，老百姓中也有“一胖毁所有”的戏谑说法，但这是集中在对颜值和身材上的吐槽，大家了解到的它对健康的影响都是不全面的。要知道，目前已知的，由肥胖引起的患病概率增加或患病影响加重的疾病就有 200 多种，大家比较熟悉的包括糖尿病、高血压、冠心病、脑卒中（中风）、脂肪肝、骨关节炎、睡眠呼吸暂停综合征、食管炎、心力衰竭、肝硬化等，更可怕的是它还和肠癌、胃癌、肝癌、乳腺癌等 13 种癌症有着明确的关系。

肥胖标志物：厚壁菌/拟杆菌

在第六章中已经介绍过，肠道内数量最多的两种细菌是厚壁菌和拟杆菌，占肠道细菌总数的至少 90%。研究显示，厚壁菌 / 拟杆菌的值越高，越有可能与代谢综合征，特别是肥胖沾上关系，因此它甚至被看作一种“肥胖生物标志物”。

通常情况下，厚壁菌的数量增多会使人体吸收更多的热量，随之而来的就是体重增加。而拟杆菌的主要任务是将庞大的植物淀粉和纤维分解成短链脂肪酸，让吸收的能量更方便被身体利用，所以不会给身体添加负担。哈佛大学的学者对比了欧洲和非洲农村地区儿童肠道菌群以及粪便中短链脂肪酸的情况，他们发现西方人群（欧洲）肠道中以厚壁菌为主，而非洲儿童的肠道内拟杆菌更多。同时，非洲儿童粪便中总的短链脂肪酸水平显著高于欧洲儿童，且以对人体好的乙酸和丁酸居多，而欧洲儿童粪便中的短链脂肪酸以丙酸居多。要知道丙酸可是由对人体不友好的肠道菌生成的。上述这些和他们的饮食有着密切关系，因为非洲儿童摄取的是高纤维、低糖的饮食，与“农业诞生时期的早期人类部落的饮食类似”[46]。

2013 年发表在 *Science* 上的双胞胎研究很好地证实了肥胖人群的菌群组成和瘦者的差异性[47]。科学家先把来自双胞胎中肥胖者的肠道细菌移植到苗条小鼠的胃肠道，苗条小鼠便开始长胖；随后他们又将双胞胎中苗条者的肠道细菌移植到肥胖小鼠的胃肠道内，肥胖小鼠就会变得苗条。具体地说，与体重正常者相比，肥胖人群的厚壁菌要多出 20%，而拟杆菌要少 90%，而且他们的菌群多样性也较正常人低。锻炼的作用也可以在厚壁菌 / 拟杆菌的值中得到体现，因为运动对肠道菌群平衡会产生积极影响，即减少厚壁菌，增加拟杆菌，有利于防止体重增加的菌群生长，这时“肥胖标志物”值下降，肥胖的风险降低。

肥胖除了和吃的东西有关，还和食欲有很大关系。菌群、肠道和大脑之间是有密切联系的，而食欲、食物摄取和能量平衡，这些由众多神经、内分泌因子和受体控制的复杂工作，也是它们之间联系的重要内容。作为“第二大脑”的肠道菌群能够在进食后，随着营养物质在消化道的移动，激活复杂的神经和激素信号，来调整食欲、控制进食量，进而形成能量平衡。

大家常说的职场上的“压力肥”，就是由于长期的压力，激活了大脑的一些神经元，使人食欲大开，导致体重增加。而越来越多的证据表明丁酸和乳酸可以影响我们的饮食偏好。丁酸主要由肠道内的梭菌产生，如果肠道中丁酸充足，肠道细胞就会给大脑发出饱腹感的信号，大脑就会抑制食欲，停止进食。而乳酸主要由乳酸杆菌、肠杆菌和双歧杆菌发酵糖类产生。同样的，肠道菌群产生的乳酸也会帮助我们抑制食欲。提高拟杆菌数量，则有助于控制由压力引起的体重增加。

益生菌，好帮手

既然益生菌和代谢综合征，尤其是肥胖息息相关，该如何用好这个工具呢？从表 4 来看，来自临床随机对照试验的结果似乎都很正面，但仔细看一下，我们会发现，单凭益生菌似乎力量还单薄了些。比如控制体重的临床汇总研究显示[48]，平均服用益生菌 3～12 周，体重减少 0.6 公斤，脂肪率降低 0.6%；而高血压的临床汇总研究显示[49]，收缩压降低 3.56 mmHg，舒张压降低 2.38 mmHg。这些“改善”，离代谢综合征患者实际的期望来说相差太远（表 5），那是否意味着益生菌对改善代谢综合征没有作用呢？

表 5　益生菌对代谢综合征各类疾病的干预效果

疾病	有效	无效	备注
代谢综合征	BMI、血压、血糖、血脂等	未提及	效果有限
糖尿病	降低空腹血糖及糖化血红蛋白	降低胰岛素水平	持续时间 8 周以上或多菌株同时治疗效果更佳
高脂血症	降低总胆固醇及低密度脂蛋白	提升高密度脂蛋白	嗜酸乳杆菌效果佳
高血压	降低收缩压及舒张压	未提及	需 8 周以上，多菌株服用才能见效
肥胖	降低体重，BMI 及脂肪比	降低脂肪量	需 8 周以上

回答当然是否定的。眼前的临床试验效果有限，主要基于以下三个原因：①干预时间最长的也就 3 个月，这对益生菌来讲，是才开始见效的时间；②所有受试对象都是用的统一菌株、统一剂量，这是违背益生菌个性化运用的基本概念的；③益生菌见效是需要搭配有利于它的生活形态的，而配套工作基本没有在试验组中被强调。当然，也有人会说，做到对益生菌友好的那些生活方式，就算不用益生菌也会好。这些都有待进一步的研究。

可以肯定的是，对待肠道菌群不友好的方式已经得到了“惩罚”。如抗生素是公认的肠道菌群“清道夫”，研究发现，在美国儿童中抗生素使用多的州，和儿童肥胖比率高的州是“不谋而合”的。保持健康的生活方式，养好肠道菌，控制好体重，就能控制好胰岛素敏感度，减少代谢综合征的危害。随着对益生菌和代谢综合征关系认识的深入，以及使用益生菌对代谢综合征精准长期的干预积累，相信益生菌一定能够成为防控代谢综合征更加得力的好帮手！

敲黑板，划重点

- 益生菌可以通过降低代谢内毒素，调节食欲和改变厚壁菌/拟杆菌比例等手段调整代谢综合征，尽管目前效果还有限。
- 益生菌对代谢综合征最终效果的体现，还有待长期的精准干预。

第十一章　阻击癌症的生力军

2018年诺贝尔生理学或医学奖颁给了美日两位免疫学家James P. Allison以及Tasuku Honjo，以表彰他们对于癌症免疫疗法的贡献。他们发现了癌细胞逃脱免疫系统监控的机制，相应的临床应用也开启了癌症免疫治疗的新篇章。然而，按照他们理论研发的免疫检查点（immune checkpoint）抑制剂对于某些患者有效，对于其他患者则无效，而其中具体的原因一直不清楚，为此两位诺奖得主在20世纪90年代提出这一概念后一直在业内受到争议。

有趣的是，2018年1月，肠道菌群登上*Science*的封面。当期的3篇文章，都证实了肠道菌群对于癌症免疫疗法的疗效具有关键性的影响。通过动物实验与临床试验发现，免疫检查点抑制剂有效病人的肠道菌群与无效病人间存在差异，而通过肠道菌群的移植可以改变免疫检查点抑制剂的反应率。这个研究结果提出了一种可能，就是通过改造肠道菌群可以进行精准医疗，进而提高癌症免疫疗法的有效性。这下两位诺奖得主还真的欠了肠道菌群一个大人情了！

微生物，不只是致癌的病原菌

微生物和癌症的关系很早就为人所知。1911年，罗斯肉瘤病毒（Rous

Sarcoma Virus，RSV）是第一个在鸡身上被证实的与肿瘤发生有关的病毒。而20世纪60年代发现的EB病毒（Epstein-Barr virus，EBV）是第一个被证实与人类肿瘤有关的病毒。大名鼎鼎的幽门螺杆菌也被世界卫生组织定义为一类致癌物。还有大家熟知的乙肝病毒（HBV）、丙肝病毒（HCV）和人乳头瘤病毒（HPV）等，它们都和臭名昭著的常见恶性肿瘤有着千丝万缕的联系。好在乙肝疫苗已在新生儿出生时常规接种，而HPV疫苗近年来也在逐渐普及。但这些只是整个微生物家庭中非常微小的一分子。

其实人体就是其自身基因组与微生物基因组共同构成的一个动态平衡统一体，后者的杰出代表——肠道菌群在帮助宿主解除食物中的毒素、调节免疫、抵御外来病原菌侵害的同时，对维持人体细胞的生长和增殖都有影响，同样在癌症的发生、发展、治疗以及转归等方面都发挥着重要作用[50]。因为肠道菌群还是和肠道关系最密切，所以肠道菌群对癌症的预防、治疗、筛查等最多的依据还是在大肠肿瘤方面。

在预防大肠癌手术的并发症上，有关益生菌的应用研究成效喜人[51]。下面这个研究是大家都喜欢引用的例证，它是欧洲营养与癌症前瞻性调查研究（EPIC）的一个子项目。EPIC是世界卫生组织研究饮食和营养与肿瘤关系的一个大项目，来自欧洲的10个国家23个研究中心都参与了此研究。所谓前瞻性研究，就是先邀请病例加入，再通过长时间的随访，观察参与者的结果异同。还是有些不懂，没有关系，直接看例子。这项大研究总共花了7年时间（1992—1999年），邀请了52万参与者入内。研究病例的随访、样本量表的采集以及结果的分析综合还在进行中。意大利的分中心在随访了45 241个志愿者长达12年后的成果——先说结论，多食用酸奶能降低大肠癌38%的发病概率[52]。太好了，不用参加大肠癌筛查了，直接每天喝酸奶就可以预防大肠癌了。但果真如此吗?

虽然该文的作者在讨论中也提到了嗜热链球菌和保加利亚乳杆菌在预防肿瘤发生中的作用，但是笔者一再强调不要把喝酸奶和补充益生菌扯上关系，所以上述研究能否作为一个证据支持益生菌可以预防大肠癌呢？好在还有新的证据不断出来。世界癌症研究基金会（World Cancer Research Fund International，WCRF）有一个全球性的循证医学项目 CUP（Continuous Update Project），它的任务是每五年组织癌症研究的专家们，收集在饮食、营养、运动方面最新的高质量依据，了解它们与肿瘤发生、发展的关系。最近的一次更新是截至 2015 年的资料，结果发表在 2017 年的 *Annals of Oncology* 上[53]。其中有关奶制品和大肠癌的论证是 10 个类似上面前瞻性研究的汇总，结果还是证明奶制品确实能够降低 13% 的大肠癌发病概率，尤其是结肠段的癌症风险。数字变小了？没错，这就是为什么大家喜欢样本数量大的原因，因为其更能反映实际情况。但专家的论述里面并没有跟益生菌扯上任何关系。具体是哪种奶制品呢？西班牙的学者告诉我们，奶制品对大肠癌的保护作用，更多的是和奶酪有关，与酸奶、低脂奶制品、全脂奶制品等都无关[54]。

事实上，尽管科学家在动物实验中对益生菌预防癌症的作用机制做了很多的研究，诸如调整肠道菌群构成、强化肠道上皮黏膜屏障、增加抗氧化抗肿瘤的代谢产物、改善肠道理化性状、减轻肠道内炎症、增强机体免疫功能等。但癌症的发生是一个非常漫长的过程，而肠道菌群见效既非一朝一夕，也非单打独斗，所以在人体上的试验一直进展缓慢。但一个反面典型——具核梭杆菌（Fusobacterium nucleatum）的出现让这种情况有所改变。

具核梭杆菌是梭杆菌属的一员，广泛定植黏附于口腔和胃肠道内，属于常住菌种中的致病菌。近年来，研究者发现肠道中的具核梭杆菌产生的内毒素可抑制机体免疫应答，诱发大肠癌，增加癌症风险。又因为在大肠癌早期病变中就可以检测到具核梭杆菌的增加，所以日本已经开始使用具核梭杆菌作为筛查大肠癌的生物学标志物。来自波士顿麻省总医院的科学家们为了验证肠道菌群和大肠癌的关系，做了下面的研究假设，即能否通过富含全谷物和蔬果的节俭饮食（又称原始饮食，prudent diet）减少肠道中的具核梭杆菌（肠道中的坏菌群），进而降低大肠癌的发生率。研究者召集了13.7万个参与者，随访了26～32年，了解他们节俭饮食的情况，并检测了在随访期间所有1 019例大肠癌标本中具核梭杆菌的数量。结果发现，节俭饮食执行到位者，体内具核梭杆菌数量及罹患大肠癌的风险均有效降低[55]。简单地说，健康的饮食优化了肠道菌群构成，减少了由具核梭杆菌参与的大肠癌的发生率，为预防大肠癌提供了切实的依据以及可行的方法。

革命性转机

2015年，两篇发表在*Science*上的重磅论文正式点燃了肠道菌群和免疫治疗关系的研究。来自美国和法国的两个研究团队，证明了在小鼠模型中肠道菌群对PD-1类免疫疗法是否起效起到了决定性作用。PD-1是一种位于T细胞表面的蛋白质，它能让体内免疫系统对肿瘤细胞的攻击失灵，所以肿瘤细胞就是通过刺激PD-1来保护自己的。基于2018年获得诺奖的肿瘤免疫治疗理论生产的PD-1蛋白的阻滞剂使少数患者的癌症得到缓解，但大多数并未有积极反应。

回到本章开头提到的2018年的三篇重磅论文——这个革命性的转机。文章一，法国的科学家发现在免疫治疗前后，因为使用过广谱抗生素而引起肠道菌群紊乱的患者，免疫治疗效果就很差。这说明良好的肠道菌群环境是肿瘤免疫治疗的重要保障[56]。文章二和三，美国的科学家发现，在黑色素瘤患者身上，对免疫治疗有积极反应的患者，他们的肠道菌群组成和反应不佳者是截然不同的。给老鼠移植积极反应患者的粪便能增强免疫治疗的效果，而移植反应不佳者的粪便没有效果。这两个研究说明，肠道菌群对癌症的免疫治疗效果影响很大（Gut microbes responses to cancer immunotherapy），而好的肠道菌群可以帮助免疫治疗抗击肿瘤（Good microbiota fight cancer）[57, 58]。

笔者之所以将 *Science* 的相关述评直接列出，真的是担心翻译不当。因为，需要用到免疫治疗的肿瘤患者会心急如焚地问，到底哪些菌是“好的肠道菌群”？情况是，上面三篇文章的论述都不一样！文章一的结论是嗜黏蛋白阿卡曼氏菌（Akk 菌），文章二的结论是长双歧杆菌、产气柯林斯菌和屎肠球菌，而文章三的结论是瘤胃球菌。在笔者看来，不一样就对了，因为针对的病种不一样，患者所在地域不一样，生活环境也不一样，而肠道菌群个性化的特点决定了相应的菌不可能一样。而这也决定了，虽然初步的临床试验结果为免疫治疗带来了革命性的转机，但这一手段要进入临床，还要经历相当长的转化过程。相信在不久的将来，通过精准医疗的手段，一定能准确预测哪种或哪几种菌能帮助哪个人协同打击肿瘤。

第一份癌症和人类微生物组的专家共识

国际肿瘤微生物组联盟（International Cancer Microbiome Consortium，ICMC）是在 2017 年由专家和临床医生发起的一项全球合作项目。基于人类微生物组在肿瘤学中的重要性，ICMC 的建立旨在促进肿瘤学领域的微生物组研究，建立专家共识，并为学者和临床医生提供相应教育。这个机构里的华人代表是香港中文大学的消化疾病国家重点实验室副主任、消化道肿瘤实验中心主任于君教授，她也是起草 2019 版《ICMC 人类微生物组在癌症发生上的共识声明》的全球 18 位专家之一。这份文件也是迄今为止第一份有关癌症和人类微生物组的专家共识[59]。在本章结尾，让我们站在巨人的肩膀上，看一下大牛们的见地吧。共识声明中指出：

1. 菌群、环境和遗传因素形成三角关系相互作用，共同驱动致癌；

2. 尽管有一些支持性和机制性证据，目前尚无直接证据表明人类菌群是癌症发病机制中的关键决定性因素；

3. 临床人员应该认识到微生物组在癌症病因学上的研究可能会为癌症的预防和治疗提供一种新的策略。

看上去，没有啥轰轰烈烈，还是“路漫漫其修远兮”的感觉。是的，肠道菌群狙击癌症的战斗才刚打响，让子弹再飞一会儿吧。

敲黑板，划重点

- 尚无直接证据表明人类菌群是癌症发病机制中的关键决定性因素。
- 肠道菌群在癌症的预防和治疗上将起到日益重要的作用。

第十二章　向自身免疫性疾病宣战

很多人都不知道什么是自身免疫性疾病，但是知道“强直性脊柱炎”，因为陪伴一代人长大的“天王”周杰伦得了这个病。很多人在赞叹他的才华横溢，钦佩他的辛勤付出时，也会被他和疾病长期斗争的顽强，以及他太太昆凌多年悉心的照顾所感动。

记得在医学院上学的时候，诊断学老师讲到这一类疾病的时候会提醒大家，当临床上多个难以解释的症状同时出现时，要想想有没有可能是“自身免疫性疾病”。这是一个包括了200多个病种的大家庭，因为是免疫系统的错误攻击，所以很多时候都会累及全身多个脏器或部位，使得病情扑朔迷离，而治疗效果也不尽如人意。和强直性脊柱炎一样，较为常见的自身免疫性疾病还有类风湿性关节炎、系统性红斑狼疮、1型糖尿病、桥本甲状腺炎、炎症性肠病、多发性硬化症等。它们又和我们的肠道菌群有什么关系呢?

又是“卫生假说”？

有学者对比了2000年至今，在全世界各国感染性疾病（以结核、甲型肝炎和旅游者腹泻为例）和自身免疫性疾病（以1型糖尿病和多发性硬化症为例）发病率之间的关系，二者很清楚地呈现出对应关系，即前者的下降伴随着后者的攀升，而且这种攀升在近年来势头愈加迅猛，更让人担忧的是，后者的起病年龄日益年轻化。这种情况在中国尤为突出[60]。

为了排除是气候、种族的差异造成的上述现象，研究者来到了俄罗斯和芬兰边境上的卡累利阿共和国（Republic of Karelia），它是俄罗斯联邦的一个自治共和国。当地人和芬兰人属于同一种族起源，语言都相通，又在同一气候条件下生活，只是由于历史原因，分别属于俄罗斯和芬兰两个国家，其社会和经济环境不尽相同。以工农业为主的卡累利阿共和国，其国内生产总值仅为“西方化”的芬兰的七分之一，但是在这里的 1 型糖尿病的发病率明显低于芬兰[61]。

在第九章中提到的“卫生假说”，在自身免疫性疾病中，又得到了验证。卫生假说提到的增加与微生物的接触可以降低患自身免疫病和过敏性疾病的风险——病原体、寄生虫和肠道共生菌等微生物可刺激身体的免疫调节，对自身免疫疾病能够起到防护作用。芬兰良好的卫生条件破坏了我们的自然免疫力（natural immunity）。还是那句话，“不干不净，反而不生病”（过敏性疾病或自身免疫性疾病）。但这和肠道菌群又有什么关系呢？

肠道菌群：婴幼儿的免疫教练

假说终究只是假说，只是对现象的解释，因为人们无法给出任何因果性的解释。2008 年，为了解开经济相对发达的西方社会日益增长的自身免疫性疾病之谜，来自美国布罗德研究所、芬兰赫尔辛基大学和阿尔托大学的科学家们，顺着上面的线索，研究了来自芬兰、卡累利阿共和国和爱沙尼亚共和国三地，200 多名年龄从 1 个月到 3 岁的婴儿粪便样品中的微生物组。

如上所描述，之所以加入爱沙尼亚共和国，也是考虑它在遗传、气候和人口组成上与另外二者较为一致。而在经济实力上，芬兰明显优于卡累利阿共和国，爱沙尼亚共和国则在二者之间。在自身免疫性疾病——1 型糖尿病的发病率方面，也是芬兰明显高于俄罗斯，爱沙尼亚居中。这些婴幼儿粪便的肠道菌群也有显著差别：芬兰和爱沙尼亚婴儿的肠道微生物组以拟杆菌（Bacteroides）为主，而卡累利阿共和国婴儿在生命早期含有更多的双歧杆菌[62]。

千万不要小看这些有益的双歧杆菌！它们的细胞壁上有一种分子，会抑制免疫系统的活性。因此，在卡累利阿孩子的身上，他们的免疫系统受到了较强的抑制，而芬兰和爱沙尼亚的孩子这种抑制作用会弱很多，无法有效抑制过度活跃的免疫反应，从而诱发自身免疫性疾病的发生。不难看出，肠道菌群在整个过程中，扮演的是人类生命早期的免疫教练角色，它对免疫系统的发育和发展有着重要的影响。研究者解释道，在芬兰和爱沙尼亚婴儿体内，拟杆菌占主导地位，他们的肠道菌群在免疫系统的训练上是非常不活跃的，这让他们更容易遭受强烈的炎症刺激。

宣战

肠道菌群在生命早期能够训练我们的免疫系统，随着年龄增加，在遗传和环境因素的共同作用下，肠道菌群紊乱在自身免疫性疾病的发病中也起着关键性作用。肠道是重要的免疫屏障，失衡的肠道细菌会推波助澜，使得机体分不清“好人”还是“坏人”，开始对自身组织或抗原失去正常的免疫耐受能力，大量自身抗体错误识别并攻击自身组织，导致自身免疫性疾病的发生[63]。

最新的有关益生菌及益生元治疗不同自身免疫性疾病的研究，都不断传来好消息。在类风湿性关节炎患者中，连续使用8周干酪乳杆菌（L. casei 01），干预组的疾病活动评分较对照组明显下降，表征炎症水平的肿瘤坏死因子、白介素-6、白介素-12等也都得到控制[64]。在1型糖尿病患者中，连续服用12周益生元（富含低聚果糖的菊粉），益生元组患者的胰岛反应能力显著升高，肠道通透性也得到了改善[65]。在多发性硬化症患者中，连续服用4个月混合益生菌后，益生菌组患者的硬化病情及抑郁和焦虑的情绪得到控制，血浆中多项炎症水平指标得到改善，如白介素-6、高敏C反应蛋白和胰岛素水平等[66]。虽然上述研究的样本数还不多，但新知识的探索和实际人群的试验，都是积少成多，一步一步循序渐进的。万事开头难，这些都是宝贵的起步。

当然，益生菌在这个领域运用最早也是最多的，还是在炎症性肠病上，具体地说，包括溃疡性结肠炎、克罗恩病等。益生菌在肠道疾病中的作用是非常明确的：①调整肠道菌相；②调节免疫应答；③增强肠道屏障功能（详见第四章）。这三点在炎症性肠病的控制上得到很好的体现。来自上海交通大学附属仁济医院的学者早在2014年的*Inflammatory Bowel Diseases*上就总结了21个相关高质量研究，共有1 763例患者的数据被纳入，结果发现益生菌在溃疡性结肠炎的诱导缓解和维持治疗中起了一定作用，并且它在维持治疗阶段的效果与临床上普遍使用的化学药物5-氨基水杨酸相当，但它的不良反应要比5-氨基水杨酸少很多；另外，益生菌对克罗恩病的功效则不显著[67]。该研究随后获得了另一组英国学者同一专题研究的认可，并把适用范围扩大到预防复发溃疡性结肠炎上[68]。鉴于益生菌在炎症性肠病，特别是在溃疡性结肠炎上的优良表现，中国学者在《炎症性肠病诊断与治疗的共识意见

（2018 年 · 北京）》中已经将它列入缓解期维持治疗的考察对象。

肠道菌群可以有效治疗或缓解自身免疫性疾病。重视肠道菌群，修复菌群失调应该成为常规预防和治疗自身免疫性疾病的一部分。向自身免疫性疾病宣战的战鼓已经敲起，可我们的耳边却仿佛响起了周杰伦的《蜗牛》，“我要一步一步往上爬，在最高点乘着叶片往前飞，任风吹干流过的泪和汗，总有一天我有属于我的天”。身患自身免疫性疾病的人们，他们的生活一定更加不易，就让益生菌守护他们的人生道路吧。

敲黑板，划重点

- 肠道菌群是生命早期阶段的免疫教练。
- 益生菌在自身免疫性疾病的预防和控制上有望成为常规手段。

第十三章　抗衰老的风向标

“肠道细菌中的某些成员产生的毒素，可能是人患病和衰老的根源。”

——1908 年的诺贝尔奖得主梅契尼柯夫

2017 年 *Nature* 发布的一项德国科学家的抗衰老研究成果，又一次引发群众对于抗衰老的热情。研究者给老年非洲青鳉鱼（killfish）喂食年轻小鱼的粪便以后，老年青鳉鱼寿命最多延长了 41%[69]。研究者分析，机体在衰老的过程中，会出现不可避免的“炎性衰老”，而体内也会出现肠道菌群失调，通过服用（移植）年轻、健康的肠道细菌会使老年青鳉鱼的肠道微生物群落重新焕发生机，进而延缓衰老。

20 世纪 80 年代初有一个科幻电影《生死搏斗》，讲的是一位贪婪的资本家发现输了救他性命的救生员的血就可以变得年轻，可惜这种效应不能持久。于是资本家就绑架了救生员，企图把他变成为自己供血的机器。电影的一个桥段令笔者印象非常深刻：科学家把救生员的血给兔子输完后，兔子就变得年轻了。科幻电影不切实际，自不必深究。但按照上述 *Nature* 上的报道，我们能否大胆想象，未来可不用那么血腥，只要拿些年轻人的肠道菌群，年纪大的人就能永葆青春了。没准就能实现，新的发现总是要从大胆的想象开始的。

老龄化来势汹汹

老龄化正席卷全球。2022 年 7 月 11 日，联合国最新发布的《世界人口展望 2022》报告显示：持续增加的预期寿命与下降的生育率叠加，将加剧人口老龄化，65 岁以上人口的比例到 2050 年将升至 16%；全球的平均预期寿命持续增加。2019 年，全球平均预期寿命为 72.8 岁，比 1990 年时增加了 9 岁；到 2050 年，预计平均预期寿命将达到 77.2 岁。

有识之士早就开始关注中国的老龄化问题。2018 年，北京协和医学院、中国老年保健协会、社会科学文献出版社在北京共同发布《老年健康蓝皮书：中国老年健康研究报告（2018）》。报告显示从 2000 年到 2017 年，中国 60 岁及以上老年人口从 1.26 亿人增加到 2.41 亿人，占总人口比重从 10.2% 上升到 17.3%。中国的老龄化除了上面提到的原因之外，还受特殊计划生育政策、快速城市化和工业化进程等因素影响，使得形势更加严峻。报告还显示，65 岁及以上老年人的慢性病患病率高达 53.99%，其中城市和农村分别为 58.98% 和 48.17%。长期的慢性病带来的是不可逆转的生理功能、生活质量的下降。因此，健康老龄化是减轻国家医疗卫生资源负担、提高老年人及其家庭生活质量的战略任务，更是中国应对老龄化高速发展态势的必由之路。

肠道菌群：健康老龄化的风向标

我们的肠道菌群与健康老龄化有关系吗？回答是肯定的。爱尔兰的一组研究人员观察研究了 178 位 65 岁以上的老年人（平均年龄 78 岁，均没有接受抗生素治疗）的肠道菌群[70]。他们分别代表四类不同生活环境的人员，正常社区、日间医院、短期康复以及长期护理。结果发现这些老年人的肠道菌群与他们的生活环境和整体健康状况密切相关。社区生活的老人拥有最多种类的肠道菌群，也是最健康的；而接受长期护理生活的老年人肠道菌群多样性显著降低，失去这种肠道菌群多样性也使得这些老年人更加脆弱。研究团队认为，这种差异可能是由于饮食和健康状况的差异导致的。进行长期护理生活的人们由于饮食变得更为单一，肠道菌群的多样性会逐渐降低，个体的健康状况也会逐渐下降。

四川大学和美国阿肯色州大学的研究人员对来自中国四川省都江堰和雅安的一个长寿人群中的168个人进行了相同的研究[71]。一位研究人员兴奋地告诉记者："这些人是非常令人惊讶的！他们已经有90岁或者更年长，却是非常健康的。他们仍然非常活跃、非常独立，走路、吃饭和玩耍都不需要太多的帮助。"研究过程很辛苦，因为这些人多数都住在农村，有的还在偏远地区，但结果却出乎研究者意料：长寿群体的肠道微生物多样性甚至高于年轻人。这一结果与传统的观点不同，因为随着年龄的增长，肠道微生物的多样性会降低（第三章）。研究人员怕乌龙，不但重新分析了自己采集的粪便标本，还重新分析了一个公开的意大利长寿人群的数据库，结果证实，意大利长寿老人的肠道微生物多样性也较当地年轻人更高。虽然存在遗传背景、饮食、环境等诸多不同，中国长寿人群的肠道微生物组成与意大利长寿人群也存在明显不同，但是远隔上万公里的它们，在50个最具代表性的菌群中，居然有11个是相同的。

根据上面的发现，科学家大胆提出健康老龄化可以使用肠道菌群的两个指标作为风向标，一是生物多样性好，二是有益细菌数量高。具备了上述指标的，将更有可能获得健康的老年状态。而确保肠道健康，提高肠道微生物组的生物多样性和有益菌数量，将为追求延年益寿提供又一大保障。

肠道菌群与衰老

众所周知，年龄还是各种慢性疾病如心血管疾病、癌症、2 型糖尿病、神经退行性疾病等的一大决定性因素。随着年龄增长，老年人的饮食结构、生活方式、运动量都会不自主地改变，从而造成免疫功能减弱。与健康的年轻人相比，老年人肠道中，包括拟杆菌、普雷沃氏菌、双歧杆菌和乳酸菌在内的有益菌的多样性会普遍下降，肠杆菌、葡萄球菌、链球菌和白色念珠菌等致病菌群的数量会明显增加。这些菌群的改变导致肠漏症出现，肠道里的细菌及其产物会泄漏到血液循环，并扩散到全身，引发全身的炎症反应，最终导致机体长期处于慢性促炎状态，损害免疫系统，导致突变和衰老的细胞无法正常清除。这就是医学上“慢性病的肠源性学说”的基本机制[72]。

简单来说，衰老改变了肠道菌群的组成，打开了菌群失调这个潘多拉的盒子，从而使身体处于慢性促炎状态（炎性衰老），又进一步增加了慢性病和癌症的风险，而衰老就在这个恶性循环中越来越严重。阻断这一恶性循环的做法，就是补充有益菌，优化肠道微生态，增强免疫力，从而抑制全身炎症，改善慢性病和癌症，延缓衰老。

在最近发表的一项汇总分析中，作者总结了 17 个关注健康老年人（平均年龄大于 60 岁）短期服用益生菌类产品后免疫系统功能情况的研究[73]。为了提高分析的质量，这些纳入分析的研究都是设有对照组的。结果发现，通过 12 周以内的短期补充益生菌产品，健康老年人的细胞免疫功能都得到了增强，具体表现在增强多形核白细胞的吞噬功能、自然杀伤细胞的肿瘤杀伤活性。目前，益生菌已经成功地应用于治疗老年人呼吸道和胃肠道感染[74]。

当然，肠道菌群与衰老的关系远不止这一个方面。爱尔兰科克大学的 Paul W. O'Toole 教授是研究肠道菌群和衰老关系的大牛，是少有的能在 *Nature*、*Science* 上频繁发表文章的益生菌方面的专家。2015 年他在 *Science* 上发表的文章指出，肠道菌群不只影响先天性免疫力，还与肌肉减少症、认知功能有关，这些都会不同程度地影响老年人健康，而营养状况对健康的肠道菌群至关重要[75]。相信随着分子生物学的发展和益生菌研究工作的推进，通过对肠道菌群调节机制的探索，一定能够用益生菌、益生元或特定营养物来制定营养策略、优化老年人肠道菌群，最终延缓衰老、缓解衰老相关的疾病。

在本章结束前，特别同老年朋友多关照几句。要像爱护自己的眼睛一样爱护自己的肠道菌群。尤其需要强调富含膳食纤维食物的摄入，一来有助于刺激肠蠕动，对排便有好处；二来这些食物大多升糖指数低，对血糖负荷小；三来这些食物含益生元成分，可以喂好我们体内的益生菌。在添加益生菌的时候，可以考虑个性化益生菌，当然，在各种慢性病夹杂、自身免疫力过分弱的情况下，可以选择使用更为安全的益生元或遵照专业人士建议。

敲黑板，划重点

- 肠道菌群与衰老关系密切，肠道菌群健康与否是健康老龄化的风向标。
- 使用益生菌能增强免疫力，缓解炎性衰老。

第十四章　皮肤保养的秘密武器

本章最大的不同，是我们将菌群的主战场转到了皮肤。皮肤是人体最大的器官，和肠道一样，这里也定植着复杂的微生物群落。因为有大量机会同外界接触，这些微生物在表皮所接触的外环境影响下，形成了其独特且复杂的菌群结构，同时也受到人体自身情况的影响。伴随着分子生物学的发展，皮肤上复杂而庞大的菌群被逐渐认知，这为它们参与皮肤疾病治疗和皮肤日常保养提供了新的策略[76]。

常住民和过路客

根据不同微生物在皮肤表面定植的时间长短，可将皮肤的菌群分为“常住民”（常住菌群）与“过路客”（暂住菌群）。其中，“过路客”在皮肤表面停留时间较短，对人体影响也较小，一般为皮肤与日常接触物接触时传递到皮肤表面的细菌。而“常住民”是指长期定植于皮肤，已完全适应皮肤环境并产生依赖性的菌群，这些可是皮肤的核心菌群。其中有常住细菌，包括葡萄球菌、微球菌、丙酸杆菌、棒状杆菌、不动杆菌等；常住真菌，包括念珠菌、球拟酵母菌、表皮癣菌、小孢子菌、毛癣菌等。皮脂腺和毛囊是这些常住菌群的主要寄居地，形成了皮肤的第一道“生物屏障”，在皮肤这个微生态环境中维持自身平衡，也能消灭一些有害的外来病原菌[77]。没错，在我们自身皮肤的最外层——皮脂膜的外面，是这层微生物组成的“外衣”，它们才是皮肤的最外层（图 3），照顾好它们，对皮肤的疾病预防与保养至关重要。有趣的是，尽管皮肤表面菌群的过路客很多，尽管它们在不同人之间和同一人的不同部位之间迥然不同，尽管它们一刻不停地和外界与人接触，但总体上它们是稳定的，也就是说常住的细菌、真菌对于居住在皮肤哪个位置是有很强的偏好性和个体特异性的[78]。

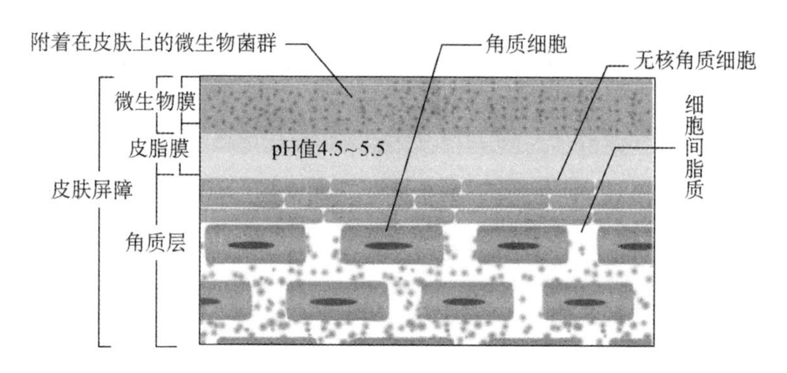

图 3　微生物膜与皮肤屏障

皮肤微生态和菌群失调

皮肤表面大量的微生物群包括细菌、真菌、病毒、衣原体和某些节肢动物等，这些微生物及其基因组连同皮肤环境构成了皮肤微生物组。和肠道一样，皮肤有着自己的微生态平衡。这种平衡是通过皮肤微生物组和宿主，以及皮肤微生物组内部的相互作用形成的。研究人员发现，在皮肤中许多菌是相互影响的，比如嗜酸乳杆菌和发酵乳杆菌会分泌细菌素，这是一类能抑菌的蛋白或多肽，它可以有效抑制许多在皮肤中的革兰氏阳性菌。另外，表皮葡萄球菌可以分泌自溶酶，该酶对皮肤上的常住菌不具有杀伤作用，但却能够溶解某些条件致病的过路菌，例如金黄色葡萄球菌。常住菌还可分解皮脂甘油三酯为脂肪酸，形成乳化皮脂膜，既对自身及表皮角质形成细胞有营养作用，又可防止表皮水分蒸发。正是在皮肤微生物组这些诸多机制的协助下，皮肤构筑了强大的生物屏障功能。

皮肤微生物组通过与人体皮肤细胞的相互作用，在维持皮肤生态稳定中发挥着重要作用。尽管皮肤微生物组中的大多数成员对于我们人体无害或是有益，但是现已证明常见皮肤病，如痤疮、银屑病、特应性皮炎等都与皮肤菌群失调有关。以最常见的痤疮为例做具体说明。痤疮，又称粉刺、痘痘，是皮肤科中最常见的疾病。资料显示，80% 以上的青少年和“青春痘”都有过关系，而年龄超过 25 岁后的病例——“成人痘”患者占痤疮患者的 31%。一旦染上痤疮，皮脂腺就会出现发炎、肿胀，随后在皮肤上出现丘疹、脓疱，甚至形成结节、瘢痕，着实是爱美人士的一块心病。而说起病因，除了皮脂腺分泌旺盛外，痤疮丙酸杆菌（Propionibacterium acnes，P. acnes）引起的感染一直是被诟病最多的，于是抗生素治疗大行其道，也的确取得了一定的疗效。

然而，研究者使用最新测序技术比较痤疮患者和健康人痤疮丙酸杆菌数量后，惊讶地发现两组人员在痤疮丙酸杆菌数量上并没有差别，只是在某些亚型的菌株上痤疮患者明显高于健康者。另外，这些菌株可能是因为产生更多量的卟啉引发皮肤炎症，造成皮肤菌群失调的，这也是为什么之前抗生素治疗见效的原因。减少卟啉生成的做法，已取得初步的效果，故此卟啉正成为治疗痤疮的新靶点[79]。与“青春痘”不同，“成人痘”多与内分泌失调、情绪压力、睡眠不足、保养品使用不当等有关，这些因素都与皮肤菌群失调有着千丝万缕的关系。

表 6 列出了影响皮肤微生物组构成的各种因素，由此表可以了解如何与它和谐相处，避免菌群失调，维护皮肤的健康。

表 6　影响皮肤微生物组构成的因素

影响因素类别	细项
宿主的生理状况	性别，年龄，种族，皮肤位置，表皮厚度
皮肤的化学属性	pH，湿度，脂肪酸组成成分
环境因素	气候，地理位置
生活方式	职业，个人卫生
免疫反应	化妆品使用，炎症反应
病理学因素	抗生素治疗，个体患病状况

益生菌——护肤新主张

从 20 年前第一款基于皮肤微生态的美白剂悄然问世，到 2017 年如欧莱雅、雅诗兰黛、宝洁等行业巨头都争相发布“益生菌”护肤品。您可能已经在毫不知情中，就已经用上了诸如“小棕瓶”“小黑瓶”“绿宝瓶”“神仙水”等和益生菌相关的护肤品了。微生态护肤产品在不知不觉中，已占据市场高地，成为化妆品行业上亿级产业的兵家必争之地。

因为微生物本身能够快速繁殖，在护肤品中不适合直接添加“活菌”，而且皮肤菌群过度发展只会造成皮肤微生态失衡，使得有益菌也可能变成有害菌。故此，90% 带有“菌”类的化妆品实际上含有的是“益生菌后体”——也就是用益生菌的代谢副产品（又叫“后生元”）来激活“有益菌”的活性，控制“有害菌”的发展，缓解炎症，使皮肤重回菌群平衡，让皮肤安静下来，帮助重建皮肤屏障的正常功能。还有一种普遍的做法，是给皮肤有益菌补充养分，也就是益生元，安全又有效，目前也有很多在卸妆油及护理精华中的应用案例。

2018年，皮肤保养的畅销书 *Dirty Looks: The Secret to Beautiful Skin*（《肮脏的外表：皮肤美丽的奥秘》）作者 Whitney Bowe 医生把益生菌在皮肤保养上的作用概括为以下三点：①缓和炎症反应，构建保护屏障；②有效抑制有害菌；③启动肌肤自我净化及抗初老（pre-mature aging）。在消费者经过商家一轮轮的宣传和知识科普之后，善待皮肤菌群已经成为大家普遍接受的观点了。其实，比起益生菌相关的护肤品（因为每种都价格不菲啊），普通民众更关心在护肤方面还有哪些行为，对皮肤微生物组是有益的呢?

慎选化妆品

化妆品是影响皮肤微生态的重要因素之一，化妆品的成分可能直接或间接影响皮肤微生态。按照国家生产标准，化妆品不需要完全无菌，所以其中可能会含有一些非致病性的微生物。有学者推测，这些微生物一是可能通过发酵等方式来改变化妆品中的原有化学成分，给皮肤常住菌带来不利影响；二是化妆品中原本无害的化学成分，经过皮肤常住菌的修饰和改变，可影响皮肤健康。苦于化妆品的成分纷繁复杂，目前上述推断也是对某些菌群失调原因的推测，但毫无疑问，化妆品的许多化学成分，如防腐剂、香精香料、功效成分、保湿剂和除臭剂等，都可以改变皮肤的微环境，如pH、湿度和油脂含量，而上述这些势必会对皮肤微生物有影响（表6）。这样看来，但凡化妆品，不改变皮肤微生物几乎不可能，所以，谨慎选择化妆品，同时搭配益生菌护肤品，这大概就是益生菌护肤品悄然兴起和迅速壮大的一个重要原因吧。

不要过度清洁皮肤

我们已经清楚，皮肤的最外层是微生物保护层，因此，过度清洁除了削弱皮肤的角质层外，特别是一些带“抗菌成分”的肥皂、洗手液，对皮肤的正常菌群无疑是灭顶之灾，极容易造成菌群失衡。如同上面说到的畅销书名那样，“肮脏的外表，恰恰是皮肤美丽的奥秘”。但必要的洗脸对清洁面部肌肤、维持皮肤健康是非常重要的。这里特别多说一句，洗完脸后擦干用的毛巾一定要注意定期消毒，保持干燥，否则极易滋生各种微生物，直接影响人体皮肤微生物组的稳态。

善待肠道菌群

本章是说皮肤菌群的，但它和肠道菌群有着非常密切的联系。早在 1930 年就有学者提出肠—脑—皮肤统一理论（gut-brain-skin unifying theory），该理论认为肠道、大脑和皮肤之间存在密切联系。随着现代医学的发展，这项当时非常前卫的理论正在一点一点被证实。限于篇幅，不在这里展开。而越来越多的证据显示，肠道微生物可以影响皮肤疾病的发生，更和皮肤的老化有着密切关系。所以善待肠道菌群，对皮肤微生物组肯定是有益的。

敲黑板，划重点

- 皮肤菌群（微生物组）是皮肤屏障的最外层。
- 善待皮肤菌群，维持皮肤微生态平衡是皮肤保养的根本。

附：关于益生菌运用的十大误区

现将益生菌民间运用的十大误区汇总如下，以纠正大家在这方面认识的不足。

1. 健康人是否需要补充益生菌

对于该问题持肯定回答的人不在少数，就在十年前出版的保健品书籍对益生菌的推荐还是："考虑服用，但对健康好处有限。"同样的问题，*European Clinical Nutrition* 2018 年给出了最新的答案[80]。研究者采用了严格的录入标准，仅纳入 1990 年以后在健康成年人中开展的关于益生菌的试验性研究进行讨论，结果在浩如烟海的文献中，最终只有 45 篇符合要求，通过仔细推敲总结，科学家们对健康人补充益生菌达成以下认识：

（1）可以补充肠道中特定细菌的数量，但维持时间不长；

（2）对改善免疫系统、胃肠消化系统和女性生殖系统健康效果确切；

（3）对改善血脂、持久影响肠道菌群的证据并不充足；

（4）特定人群或某些疾病状态下的患者补充，获益更大。

随着本书第二部分的不断展开，您已经看到益生菌在众多常见病、多发病方面的探索和运用。更重要的是，除了针对特殊的病症外，益生菌更可靠的作用在于疾病预防，而预防的作用往往事半功倍。诚然，益生菌对于重病患者或非常健康的人群可能作用有限，但是对于众多“免疫力不济，胃肠功能疲弱”的亚健康人士来说，益生菌稳定而又安全的正面作用是非常必要的。

2020 年中华预防医学会微生态学分会更新了《中国消化道微生态调节剂临床应用专家共识（2020 版）》，再次强调了作为微生态调节剂重要组成的益生菌具有广泛的生理功能。随着人类对益生菌在免疫、代谢、抗发炎、神经及心理方面和病理方面作用认知的逐渐发展，以及益生菌研发、生产和运用的产业化进程不断深入，健康人补充益生菌将成为趋势。

结论：健康人需要补充益生菌。

2. 补充益生菌，不就是喝酸奶吗？

“医生，你说的对，益生菌对我们的健康非常重要。我也需要补充益生菌，晚上我就去超市买酸奶去。”笔者几乎每天都能听到这种说法，每次都会不厌其烦地予以解释为什么喝酸奶是“最不划算的补充益生菌方式”。这“不划算”的原因有三：

（1）菌种无法定植。普通酸奶中添加的发酵剂——保加利亚乳杆菌及嗜热链球菌，能够把液态牛奶做成凝固的酸奶。这两类乳酸菌也的确对人体有好处，但因为本身不能在肠道内定植，属于“一过性”① 保健菌，其保健作用只是一过性的。有一些酸奶，额外添加了定植性强的益生菌，如双歧杆菌、嗜酸乳杆菌等，其在益生菌方面的保健效果要好得多。

（2）活性无法确保。酸奶中的乳酸菌活性需要在生产、包装、运输、

① “一过性”是指某一临床症状或体征在短时间内出现一次，往往有明显的诱因。

上架、销售及保存等诸多环节严格保障。其适宜保存温度在0～4℃，温度过高时，酸奶容易腐败；而温度过低，益生菌活性又不够。即便是摄入体内时活性十足，保加利亚乳杆菌及嗜热链球菌也不耐胃酸，其活性根本无法确保。

（3）数量无法保证。益生菌要起到保健作用，其活菌数量要达到 10^8～10^{10} CFU，国家规定酸奶的活菌数量要求是 10^6 CFU，所以要达到有效的保健作用，每天需要喝上千毫升酸奶，这个数量显然是不切实际的。而且，目前标注的活菌数量均由生产厂家自行确定，对其实施测量也并非易事。

当然，由于酸奶制作过程中，乳酸菌已将牛奶的乳糖成分降解，所以酸奶是帮助乳糖不耐受者消化吸收牛奶中钙质的上佳方式。酸奶中也还有很多矿物质和必需氨基酸，其好处不需要笔者多说。然而，也有很多风味发酵乳因为口感和质感的需要，添加了很多甜味剂、增稠剂以及香精，长期食用对体内的肠道菌群无疑是没有好处的。最后，如果减肥人士食用大量风味发酵乳还会因为普通酸奶中添加的糖分，增加额外的能量摄入。

结论：喝酸奶无法有效补充益生菌。

3. 本地菌，还是进口菌

随着全球化进程的发展，国外的商品来到国内越来越方便。中国宽松的国际贸易政策，也使得进口商品的额外成本越来越低。加上冷链技术的进步和益生菌产品包装、保存技术的革新，选购进口益生菌产品已变为稀松平常的事。通常情况，大家都会认为全球遴选的商品，一定优于本地的货色，但在益生菌这件事上，进口菌还真的很难胜过本地菌。

究其原因，进口的菌种来到中国人的胃肠道会出现“人生地不熟”的窘境。一方面，进口的益生菌菌种与肠道既有的适应中国人的肠道菌群不匹配，不一定能在肠道中成为优势菌群；另一方面，进口的益生菌菌种适应的是它们所在的生存环境和对应宿主的饮食与生活习惯，在中国人的肠道环境中可能根本无法适应。所以，即使是在本地进一步繁育、包装、运输和销售的“进口菌”，一样会存在“水土不服”的问题，无法起到益生菌应有的作用。

结论：补充益生菌，应优选本地菌。

4. 吃益生菌，一定要具体到菌株吗？

蔡英杰教授是台湾地区知名的益生菌专家。在第一部分的附录中提到了他在益生菌选购的建议中，特别强调一定要具体到“菌株”。细心的读者在第六章表 3 中可能也注意到了，在介绍具体益生菌的时候，都已经把菌株号带上。

公认的物种分类原则，是按“界、门、纲、目、科、属、种”的顺序来排定的，而在微生物范畴中，还要进一步加上“株”的概念，因为不同种的益生菌之间基因组差别较大，即便是同种益生菌的不同菌株之间也存在很大差异性。同种益生菌的不同菌株含有或表达不同的功能基因可发挥完全不同的功效，所以大家在讨论益生菌的功效时，一定要在菌株水平上进行。怎么样，是不是显得很博学且严谨呢？正如在第一部分的附录中所提——凡益生菌产品，是必须要明确菌株号的。

结论：吃益生菌，一定要具体到菌株号。

5. 益生菌的生产工艺到底有多重要?

益生菌补充剂从问世的那一天起，就自带使命：确保足够量的益生菌来到肠道，发挥有益于宿主的作用。所以，从菌种筛选、剂型选择，到制作技术、包装工艺，都是为了实现上述目的。拿目前最主流的益生菌粉剂来讲，大品牌的菌种肯定是经过众多临床验证的、可以在食品中安全添加的菌种；制作工艺上也必须帮助益生菌躲过胃酸、胆盐的破坏；剂型选择上，粉状剂型抗潮解效果较优，同时也能有效隔绝空气，能延长菌种存活的时间。很多品牌的益生菌补充剂已经不需要冷链运输、低温保存了，这些都和生产工艺有关，最终都是为了确保足够数量活菌在肠道定植。所以益生菌产品的生产工艺真的非常重要，选择专业的厂商就是信心的保障。

结论：益生菌的加工工艺很重要。

6. 既然益生菌那么多好处，那就多多益善

一方面，肠道环境是一个复杂的生态系统，至少包含上千种细菌，由于个体差异，每个人肠道情况也不一样，盲目过多补充益生菌只会打破原有肠道菌群平衡，甚至可能引发小肠细菌过度繁殖等不必要的并发症。

另一方面，受制造成本的影响，超高剂量的益生菌补充剂，所含的未必都是“益生菌”，而是价格相对低廉的肠球菌，有时为了安全起见，甚至是死菌，那就根本不是益生菌了。

所以还是像之前建议的，每天 100 亿 CFU 左右就是不错的选择。

结论：补充益生菌适量即可。

7. 复合菌株的补充剂应该优于单一菌株

没有明确的依据显示，复合菌株的补充剂一定优于单一菌株。经过精准检测确定的菌株，对解决明确健康或疾病需求的效果，不一定比复合菌株差。也有非常经典的三联菌株组合，分别确保肠道各段的菌群定植配合，实际使用效果也是有口皆碑。盲目地组合，只会给菌群紊乱埋下祸根。

结论：单一菌株不一定比复合菌株差。

8. 长期吃益生菌会产生依赖性

“过多使用益生菌，不利于宝宝自身的益生菌群形成，时间久了，会造成依赖性，宝宝不用益生菌，就解不出便便啦。”经常听到类似的说法，的确在临床上也碰到过类似的情况，有些药物对缓解病人的某一特定症状效果特别好，如上面提到的“使用益生菌缓解宝宝的便秘”。但即便如此，这一现象能说是“依赖”吗？

所谓“依赖”，更多是指药物依赖，也叫药物成瘾，是指由于连续用药而产生的，人体对其生理上以及心理上的一种依赖状况，即便知道可能造成不良后果，仍然强迫性地使用，如酒精、毒品等。照上面的定义，益生菌不是“药”，更少见对人体有“不良后果”，但却能对人体带来各种“益处”，所以给长期使用益生菌套上“依赖”的帽子，实在是荒谬至极。如果真的就靠小小的一两种益生菌就能解决一个长期困扰的“大问题”，实在是使用者的福音。有关“依赖”的谣言，就留给那些杞人忧天者吧。

结论：长期服用益生菌，只看功效，不必担心出现“依赖”。

9. 服用抗生素后不应该立即摄取益生菌

抗生素，特别是广谱抗生素，进入肠道后，一般的菌群是无法幸免的，可以说是“所过之处，寸草不生”，所以应该避免益生菌和抗生素同时服用，否则就是烧钱。正因为抗生素应用后会破坏肠道菌群生态，所以更需要益生菌及时帮助修复，所以，在临床实践中，如确实需要益生菌的时候会加大益生菌用量或错开与抗生素服用的时间，并且选择对抗生素不敏感的益生菌种别。

2018 年以色列魏茨曼科学研究学院（Weizmann Institute of Science）的学者在 *Cell* 上发表了重磅论文，指出抗生素治疗后吃益生菌反而阻碍了肠道菌群的恢复[81]，研究同样使用 7 天广谱抗生素后的 21 位健康成年人，使用三种方法重建自身肠道菌群的过程。第一种（6 人）是移植自体试验前留下的粪便样本，第二种（8 人）是服用 4 周 Bio-25 益生菌，第三种（7 人）是静候自己恢复。对比肠道菌群恢复的速度发现，第一种最快，很快就恢复了；第三种其次，需要 1 个月；而使用益生菌的第二种，过了半年之后还没有完全恢复到试验前的状态，也就是说因为服用益生菌延误了肠道菌群的修复，反而有害了!

笔者有以下三点疑问。首先，通常在需要使用抗生素时，尤其是像试验中那样使用 1 周广谱抗生素时，都是出现明确的细菌感染后，才会在医生指导的情况下使用。那时候，我们就不再是健康人了，我们的菌群修复能和健康的时候一样吗？其次，就算健康人可以在 1 个月内自行修复到试验前的状态，那个状态是符合使用过广谱抗生素后所需的肠道菌群最佳状态吗？健康的肠道菌群是随着人的生活状态、疾病及衰老而不断变化的，用静止的观点去判断使用益生菌能否帮助肠道菌群恢复成原来的样子，而不是评价有没有真正有益于宿主的健康，实在不科学。最后，回到益生菌的使用原则上，益生菌见效的两个基本要求，一是个性化，二是持久。所有人都使用一样的益生菌，而且只用了四周，不按照益生菌本身的规律来操作，又要见效，实在是太难为益生菌了。

对于上面这篇 *Cell* 的研究，笔者还是很钦佩的，毕竟研究者用科学的方法揭示了抗生素处理之后服用益生菌的结局。而反观对这篇研究的解读，外界媒体把在“一种”益生菌产品的发现，放大到了整个益生菌产品。这种以偏概全的做法，只会让大家陷入“盲人摸象”的误区，这些惯用的夸大、歪曲的宣传伎俩实在让人哭笑不得。所以，想要使用第一篇的研究结果，来改变目前的普遍做法，显然依据不足。

结论：在服用抗生素时，应该加大益生菌补充量，且注意和益生菌错开服用时间，至少 2～3 小时，同时选择对抗生素不敏感的益生菌。

10. 益生菌不会在大肠定植，吃了也没有用

事情还得从 2018 年以色列学者发表在 *Cell* 的两篇重磅论文说起，其中一篇在上一个认识误区里已经说了，另一篇则是因为报道了益生菌在人肠黏膜的定植情况，有明显的个体、部位和菌株特异性[82]。这两篇论文合在一起，被英国广播公司（BBC）直接解读为“对半数人，益生菌在健康志愿者中仅是穿肠而过，因此不应期待市场上销售的益生菌能对所有人都起作用”，并给益生菌贴上了“相当没用”的标签（Probiotics labelled ‘quite useless’）。

很多人都知道上面的事，却并不知道后来的故事。很快北美营养产业

资深新闻网站 Nutra Ingredients 出来喊话了[83]，指责 BBC 歪曲理解两篇论文，因为研究者强调的是益生菌的定植情况是可预测的，应发展个性化益生菌干预，而不是 BBC 所说的“益生菌无用”。而且许多研究都支持益生菌对特定适应证有益，虽然作用短暂，但对宿主有益是肯定的。而国际益生菌和益生元科学协会（International Scientific Association for Probiotics and Prebiotics，ISAPP）也对上述争执发表了自己的观点，表示 BBC 忽视了大量的临床研究依据，而且供研究用的益生菌菌株没有已知的依据可以证明它对健康的益处，并不能用它来代表整个益生菌，等等。

对于上面那篇论文，笔者是非常推崇的，因为它提醒了大家应加强关注益生菌的个体差异性，并提出个体化应用的前景，非常建议那些跟着媒体人云亦云者认真看一下原文。因为定植从来就不是个简单的事情，故此益生菌的服用必然是细水长流并讲究个性化的。学术界的辩论很正常，很多临床试验都有商业资金支持，所以在阅读结果的时候还需要注意有无商业倾向。在真实世界中关于益生菌到底有用没用，不是一个可以简单说清楚的问题。虽然益生菌能否定植这件事，目前依据还是不充分，但有用没用，使用者本人自己最清楚，所以还是回归益生菌的本质——对宿主是否有益。更精准地说，对正在服用益生菌的你是否有益。

结论：益生菌要见效，一定要个性化应用。

第三部分

个性化益生菌：精准医学的选择

2019年1月，*Lancet*的子刊发表了题为《益生菌，灵丹妙药还是空头支票》（*Probiotics: Elixir or Empty Promise?*）的述评。文章同样引用了2018年两篇在*Cell*上发布的重磅论文（详见第二部分附录十大误区之第九、第十），指出因为每个人的肠道菌群都是独特的，不同细菌对不同人群的影响是高度差异化的，所以益生菌使用想要取得好的效果，就必须按每个人的情况进行精准定制。

许清祥（庭源）博士开发的个性化益生菌，从构思到启动，从菌株培养到筛选，从手工检验到芯片运作，历经十多年的艰辛，才有了最后的成果。实践证明，个性化益生菌的前提，是有精准的检验手段；个性化益生菌的保障，是具备精准的菌株群；而个性化益生菌的根本，要靠精准的医学理念。

第十五章　个性化益生菌的研发背景

精准医疗（Precision Medicine）的概念进入大众的视线，是 2015 年 1 月 20 日时任美国总统奥巴马在白宫的国情咨询中宣布精准医疗计划之后。其实，该计划在 2015 年宣布的时候，并非一件新事物。早在 2011 年，美国就有一批有识之士联手倡议精准医疗，旨在促进人类基因组学（第一章已介绍）的实际转化，以推动个性化医疗（Personalized Medicine）的发展。

精准医疗是根据每个人的特征，“量身定制”个性化的精确治疗、预防及保健方案。而个性化医疗，又称个人化医疗，是指以个人基因组信息为基础，结合蛋白质组学、代谢组学等相关内环境信息，为每个人设计出最佳治疗方案，以期达到治疗效果最大化和副作用最小化的一门定制医疗模式。个性化医疗摒弃的是传统医疗千人一面（One size fits all）的诊疗模式，崇尚每个个体的不同实际需要。如果说个性化医疗是未来医疗大势所趋的话，那么精准医疗则是这个时代潮流的引领者。

0.1%的差异

人类基因组计划的完成，是人类历史上的一大里程碑。得益于当今的基因测序技术，它已经可以准确地告诉你，我们人类和猩猩之间基因组学的差异只有 1.2%，而每个人之间基因组学的差异也是小到只有 0.1%。正是源于基因的最小单位——碱基对中的单核苷酸之间的微小差异，又称单核苷酸多态性（single-nucleotide polymorphism，SNP），构成了人类蛋白组学和代谢组学上的遗传基础，也决定了人类遗传的多样化、疾病诊断的复杂化以及预防治疗的个性化。

这些基因上的微小差异，导致了我们在身材、长相、肤色上的显著差异，导致了我们对同样营养物质的不同需求量，以及对同样营养物质不同的反应（甲之蜜糖，乙之砒霜），导致了我们健康的生活饮食方式各有不同，导致了我们对同样药物的不同反应（是否显效及效果强弱），凡此种种，举不胜举。一句话，不要小看了基因组上这个 0.1% 的差异！

我自己的微生物组

每个人身上看似微小的差异，同样也表现在微生物组学上的大不同。首先，我们对外来病原性微生物的反应有巨大差异。同样是肝脏遇到肝炎病毒，不同的患者，可以从毫无症状的“病毒携带”，到性命攸关的“重症暴发性肝炎”，这种天壤之别可能在免疫反应的启动阶段仅有非常微小的区别。

其次，每个人都有自己的菌群“指纹”，而且这个“指纹”居然是相对固定的（详见第二章）。也就是说，在皮肤、口鼻腔、肠道等地方，尽管每天接触各种微生物，冥冥中哪些菌可以驻扎下来，哪些菌只是匆匆过客，也是相对确定的，而且每个人都不一样。这个差别来源于遗传因素——父母及家庭给我们生命早期最初的馈赠，来源于后天的生活环境和饮食生活习惯，更和我们身体的健康及疾病的状况相关。

最后，就是人类微生物组干预后机体反应的差异。在第二部分中，笔者花了很多笔墨重点介绍了肠道菌群干预的不确定性，可能对 A 缓解便秘非常有帮助的产品，在 B 身上完全没有用，或出现了别的好处，又或者会带来其他困扰。如何能准确预测及控制菌群干预功效的发生和发展——微生物组的个性化已变成精准医疗的必然要求，也是进一步推广人类微生物组绕不过去的课题。

让人欣喜的是，在风险识别、疾病预防、早期诊断和治疗方案的选择上，人类微生物组已经作为一个独立因素开始参与其中了。前面提到具核梭杆菌已经开始作为筛查大肠癌的生物学标志物（详见第十一章）；幽门螺杆菌在消化道溃疡的诊断和治疗上的地位已在全世界学术界和民众中得到公认；实验验证了肠道菌群对癌症的免疫治疗效果影响很大；好的肠道菌群可以帮助免疫治疗抗击肿瘤（详见第十一章），等等。这些都是很好的开始，并且还会有更多更好的成果。

P3医学与个性化益生菌

悄然兴起的 P3 医学（Predictive，Preventive，Precision Medicine），代表着未来医学的模式，已在主流医学中受到越来越多的关注。它强调通过基因检测和定期体检预测疾病易感性和近期风险，通过规避危险因素、改变生活方式以及疫苗防治来积极预防，并对已经出现的健康问题根据个体的遗传特性，选择精准的药物及治疗。

这个概念也一样适用于个性化益生菌，联合最新的遗传检测技术，对个体的基因组、微生物组及其产物进行检测，能更深入、准确、全面地反映个体的本质特征，直接“定位”个人健康及疾病的准确缺陷，进而精准定制益生菌产品。这将是益生菌，乃至整个微生物组打开未来医疗模式的正确方式。

敲黑板，划重点

- 个性化益生菌是精准医疗的必然要求。
- P3 医学是帮助实现个性化益生菌的未来医疗模式。

第十六章　个性化益生菌的研发历程

从 1993 年到 2001 年，许庭源博士在台湾大学谢贵雄教授的指导下，花了 8 年的时间钻研过敏性疾病这个极大困扰台湾地区民众的顽疾，独辟蹊径，在精准医疗的天地中，成功开发了个性化益生菌，闯出了一条“前无古人”的创新之路[84]。

一波三折

许博士在台湾大学攻读微生物免疫医学博士期间，就曾因在国际顶尖医学杂志 *Nature Medicine* 上发表《呼吸道过敏的 DNA 疫苗基因疗法》一文而名噪一时[85]。然而，当他想把这项研究成果从实验动物向人体转化用以控制呼吸道过敏的实际产品时，却遇到了瓶颈。因为没有人知道，用来调整免疫状态的 DNA 疫苗，会对人体本身基因产生何种影响。至今，全世界也没有任何 DNA 疫苗获得核准。所以，这条路走不通。

塞翁失马，当许博士把目光移向肠道时，却发现了一片崭新的天地。在这个免疫系统七成火力囤积的地方，长年驻扎着一支部队——乳酸菌，它们可是免疫系统的忠实战友。如果将引起呼吸道过敏的“尘螨基因”植入肠道乳酸菌体内，而这些乳酸菌又能如愿到达肠道，并在肠道内大量制造尘螨蛋白质，进而刺激机体产生免疫反应的话，就能达到调节免疫的治疗目的了。而且，请这些乳酸菌完成这个任务还有一个好处，就是当任务完成后，这些使者最终可以自然经肠道排出人体，所有过程都是“穿肠而过”，不用担心外源性的 DNA 进入体内，所以不会有任何安全性方面的顾虑。

很快，许博士的想法又遭到了质疑。因为携带了“尘螨基因”的乳酸菌，本质上属于基因改造食品，就像我们生活常遇到的转基因大豆和转基因玉米。尽管它有着数不清的优点，但对人体有无伤害尚无定论。而且基因改造生物可能对环境及生态产生影响，涉及层面十分复杂，目前还是科学界尚未解决的一个难题。根据他的想法，当携带尘螨基因的乳酸菌从人体排出后，是否会和自然界的正常细菌杂交，通过交换基因信息，而产生变种的超级细菌呢？越说越远了，总之，这条路好像也走不通。

好事多磨，既不能进行人体基因实验，又要避开基因改造，那就只剩下利用天然的菌种了。研究发现，某些人体特定益生菌的细胞壁成分，能和人体肠道淋巴细胞上的 TOLL-2 接受器结合，降低血清中的 IgE，同时益生菌也能刺激免疫系统分泌干扰素，进而使 Th1/Th2 跷跷板达到平衡（跷跷板理论参见第九章），改善过敏疾病。已经在肠道定植的益生菌，必然是已经具备抗胃酸胆碱的特性，且对人体没有任何伤害。兴奋之余，许博士又有了新问题：通过肠镜，取到肠道里的细菌还不算难；难的是如何从这一百兆的细菌里面，找到那个能降低过敏的天然菌株呢？

众里寻她

为了减少成人体内各种复杂因素的干扰，许博士决定从健康的婴儿肠道着手，开始建立自己的菌株库，一个个菌株建档、分类、命名，但一个问题始终没能有效解决——如何筛选出有抗过敏能力的菌株。当然，许博士的研究团队还得解决如何衡量抗过敏能力的问题。他们选中的第一指标是在过敏性疾病中有着成熟理论依据的一项生物标记物——干扰素[86]。要检测干扰素——这个由细胞分泌的蛋白质，最经典的就是酶联免疫法。但传统的人工方法，既费时费力，无法控制实验误差，又不适合在大量菌株中，快速找到能激发干扰素分泌量最高的个性化菌株。幸好酶联免疫技术和生物基因芯片技术的诞生，帮助他们解决了这个难题（详见第十七章），这两个技术的组合使得快速筛选出抗过敏能力强的菌株变成了可能。

就这样，功夫不负有心人。从 1993 年许博士最早下定决心“挑战过敏性疾病”，到 2001 年发现第一株抗过敏菌株，历经近 3 000 个日日夜夜，筛选了 300 多个菌种之后，最终找到了这个实现个性化益生菌的途径！苦尽甘来，2004 年首支适合东方人体质服用的明星抗过敏产品副干酪乳杆菌（L.paracasei）LP-33 菌株问世。2011 年，其升级产品副干酪乳杆菌 BRAP-01 菌株首次获得专利。2012 年，第三代抗过敏菌株格氏乳杆菌（L.gasseri）A5 和唾液乳杆菌（L.salivarius）A6 菌株又获专利。2013 年，第四代抗过敏菌株约氏乳杆菌（L.johnsonii）A9 和嗜酸乳杆菌（L.acidophilus）A13 再获专利。许博士本人在中国台湾“益生菌之父”的名号就此打响，而在日本，大家都称呼许博士“Dr. Probiotics”。

在筛选益生菌的过程中，许博士的研发团队不仅找到了上述强抗过敏的菌株（副干酪乳杆菌 L.paracasei BRAP-01），还找到了各种不同禀赋的菌株，有“德智体美劳”均衡发展的长双歧杆菌（B.longum）BR-022，有能改善关节炎的罗伊氏乳杆菌（L.reuteri）BR-101，有擅长提升免疫功能的格式乳杆菌

（L.gasseri）BR-010等。这些菌株一起，在上述筛选系统的帮助下，通过精准检测配对，选出最适合的菌株，实现针对每个个体健康需求的“私人定制”。透过个性化益生菌实现精准预防、精准医疗的大门，终于慢慢在人类面前打开了。

精益求精

中国人要吃中国人的菌！喊出这么响的口号，还要靠过硬的加工工艺做保障。是选择简单的委托代工，还是选择自己加工这条更困难的道路呢？为了确保益生菌产品的安全与品质，许博士又拿出当年做科研的韧劲，毅然选择了走困难的道路。他和他的合作伙伴用了3年时间，让新建的加工工厂陆续通过了GMP认证（药品生产质量规范）、ISO认证（通用质量管理体系）以及HACCP认证（食品安全保证体系）。同期，他们的实验室也不断推陈出新，在2015年通过ISO 17025（实验室认可服务的国际标准）认证，并一直保持高品质，确保菌株的稳定。

把个性化益生菌产品的品质要求落实到每一个细节！为此，他们提出了四个保证：保证食品原料的质量，保证制作过程的质量，保证临床实证的质量，还要保证优惠实在的价格。在原料菌粉上，他们不远万里去加拿大采购菌粉原料，看重的是那里得天独厚的气候与水质条件，和全世界首屈一指的生产和作业标准。在生产工艺上，他们将高级制药剂型应用于保健食品开发，提高有效成分与吸收效率。在封装技术上，他们更是耗资千万引进欧洲的封装设备，采用专利封装技术，全程密封保鲜益生菌，保证这些厌氧的益生菌不和空气接触。在最后的储存转运上，他们确保到消费者手上的每一个环节都是全程冷链，毫不含糊，只为产品活性不受影响，让进入客户体内的是数量充足的“活菌”。

小小的一条个性化益生菌制剂，背后其实还有太多故事。从基础研究到临床转化，民众的健康需求还在与时俱进，而外围的技术环境也是日新月异，尽管前面的路还有很长，但相信个性化益生菌已经迈出了其坚定的第一步，一定还会有更美的画卷在大家面前展开。

敲黑板，划重点

- 个性化益生菌是由中国台湾“个性化益生菌之父”——许清祥（庭源）博士研制成功的。
- 遵照精准医疗理念，个性化益生菌可以根据每个个体的健康需求，实现私人定制。

第十七章　个性化益生菌的筛选方法

有了好的设计思路，又有了好的菌株，接下来的核心问题就是如何与不同的个体配对，达成个性化精准干预的目的。这里就有两个步骤，一是要确定用哪些生物指标来评价是否配对，二是要确定用哪项技术平台来检测选定生物指标。

正确的生物指标

要正确地筛选出个性化益生菌，选择正确的生物指标是最重要的一件事。在第一、第二部分，笔者已经全面展开阐述了益生菌的好处，而当实际需要益生菌着重发挥辅助治疗免疫相关的上述四大应用时，一线专业人员就需要找到相应的生物指标。研究显示，益生菌能刺激身体产生两种细胞激素：干扰素（IFN）和白介素 10（IL-10），它们都是免疫系统中很重要的免疫因子，在免疫调节中扮演着关键的角色。

干扰素

干扰素是免疫系统中重要的细胞因子，它是属于先天免疫系统的一环，是身体的第一道防线。它由体内的白细胞与组织细胞分泌，能够抗病毒感染、抗肿瘤以及调节免疫力，已经被广泛应用于各种疾病的治疗，包括病毒的感染（乙肝、丙肝、流感病毒、冠状病毒与鼻病毒等）、癌症、减缓过敏症状。因此干扰素是免疫系统健康的最佳指针之一。

一方面，干扰素活跃范围主要在 Th1 免疫路径上。当干扰素被激发分泌后，免疫反应就会朝向 Th1 路径发展，同时抑制 Th2 路径的免疫反应，使得免疫系统趋于平衡，减缓过敏性发炎反应，改善过敏性疾病的症状。另一方面，当细胞受到病毒感染时，受感染细胞与白细胞就会分泌出干扰素，帮助邻近的细胞启动防御措施阻止病毒入侵。又因为活化的 NK 细胞会释放干扰素，激发特异性免疫反应消灭癌细胞，所以干扰素也参与了癌细胞的杀灭过程。

正是由于干扰素在抗过敏、抗病毒与抗癌的免疫反应中，扮演着重要角色，于是研发者将它确定为筛选个性化益生菌时的生物指标之一。当益生菌株能够刺激个体的免疫细胞产生最高量的干扰素时，表示该菌株抗过敏、抗病毒与抗癌的效果最好，借以判断是适合这个个体最佳的益生菌株。当需要借助益生菌改善过敏症状，或是提高免疫力，避免病毒感染或预防肿瘤时，干扰素就是筛选个性化菌株的最佳生物指标。

白介素 10

在第十二章已经介绍过，机体发生自身免疫性疾病是因 Th1 路径的免疫反应过强，而 Th2 路径太弱。这时就要改用 IL-10 作为生物指标了。科学家发现小鼠体内调节性 T 细胞可推迟红斑性狼疮（一种自身免疫疾病）的症状与发病时间，因此提升调节性 T 细胞功能，就被看作治疗自身免疫性疾病的一个重要方向。调节性 T 细胞所分泌的两种主要细胞因子中的一个就是 IL-10，又称细胞因子合成抑制因子，它可以下调细胞毒性 T 细胞的活性，抑制炎性细胞的激活、迁移和黏附，缓解自身免疫性疾病。如果某一种益生菌株能够刺激病人分泌更多的 IL-10，就表示它可以提高调节性 T 细胞的活性，改善自身免疫患者的慢性炎症反应，缓解炎症反应的症状。

要实现个性化医疗，选择适当的生物指标是最关键的一步。要辅助治疗免疫性疾病，IFN 与 IL-10 就是两个很好的生物指标，它们两个能够指导临床医生在不同的治疗目的下，选择合适的个性化益生菌。

ELISPOT及微流体生物芯片筛选平台

要筛选个性化益生菌，除了选对生物指标，实验室检验技术平台也是成功的关键。一个可用的检验技术平台必须符合几个条件，一是能正确地定量分析生物指标；二是能够一次大量分析多种菌种；三是操作过程必须简便、省时，最好能够自动化，降低人工操作的实验误差。酶联免疫斑点法（ELISPOT）和微流体生物芯片筛选平台就是符合上述所有要求的黄金组合。

要分析干扰素与 IL-10 这类蛋白质的生物指标，最经典的就是高敏感度的酶联免疫法，又称 ELISA 法。它能利用抗原抗体的特异性反应，准确检测出蛋白质的含量。ELISPOT 是 ELISA 法的升级版。它能一次分析近 ELISA 百倍的样本数量，且确保敏感度和准确度，真正实现快速而大量地筛选菌种。只要透过 ELISPOT 快速筛选平台，选出最能刺激免疫细胞产生干扰素或 IL-10 的益生菌株，就能量身订做最适合个人体质的定制化菌种。这种技术可以敏感检测到单一免疫细胞所分泌的细胞因子，但是操作过程需要大量的人工操作，既费时费力，又难控制实验的系统误差。

微流体生物芯片的应用，克服了人工执行 ELISPOT 的缺点（图 4）。它把传统生化分析中所需的微帮浦、微阀门、微过滤器、微混合器、微管道、微传感器及微反应器等组件集中制作在生物芯片上，以进行样品前处理、混合、传输、分离和检测等程序，也就是把过去实验室中需要人工处理的各项步骤、流程，整合在一片比手掌还小的芯片上，所以又被称为实验室芯片。它不但能够降低人工操作的实验误差、提高系统稳定性、降低耗能及样品用量、节省人力和时间，还使用冷光来检测信号，进一步提高了检测灵敏度。

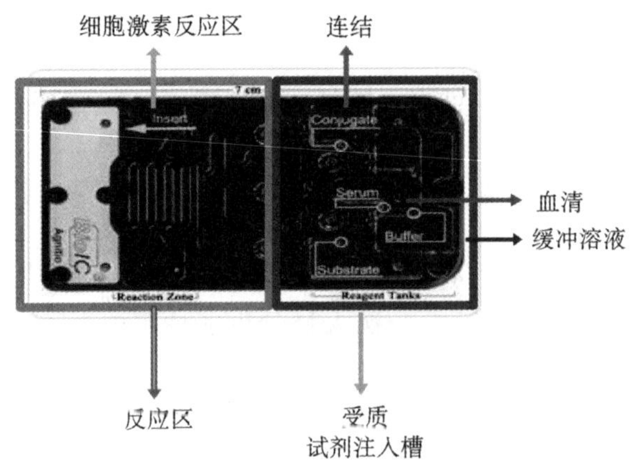

图 4　微流体生物芯片

ELISPOT 和微流体生物芯片的黄金组合，构成了升级版的个性化益生菌筛选系统，使得个性化益生菌的筛选变得更精准、更快速（图 5）。看着寥寥数语，但此项益生菌筛选方法凝结了很多研发、技术人员的智慧和辛劳，上述方法也在 2015 年成功获得了发明专利（中华人民共和国发明专利证书号第 1742949 号）。

图 5　全套个性化益生菌筛选系统

敲黑板，划重点

- IFN 和 IL-10 是进行个性化益生菌筛选的好指标。
- ELISPOT 和微流体生物芯片构成了自动化的个性化益生菌筛选系统。

第十八章　个性化益生菌的临床应用

本章将介绍最激动人心的个性化益生菌的临床应用。所有在细胞水平、动物范围的研究，都要经过人体或人群中的试验才能最后实现转化。而在临床应用中，最重要的是两个方面的指标，一是有效性，二是安全性。

不平衡的免疫与四大类疾病

个性化益生菌从设计之初就是着重寻找解决免疫系统问题的调节剂。如果把免疫系统的问题归结为亢进或低下两类，而把威胁的来源分成外来和体内的两种，就有了图6显示的四大类疾病。当免疫系统表现为亢进，攻击外源性的抗原，如花粉、尘螨，就会发生过敏性疾病；而攻击自身体内抗原时，就会出现如强直性脊柱炎、桥本氏甲状腺炎等自身免疫性疾病。另一种情况是免疫系统为过分低下或不足，如果对于外来的病原无法有效清除，机体就会处于亚健康状态，容易并发各种感染性疾病，例如经常感冒、尿路感染或是腹泻；反之，无法清除自身体内突变的异常细胞时，就会罹患癌症。

临床试验验证，有效！

为了证明服用了个性化益生菌的免疫调整效果，以IFN和IL-10作为检

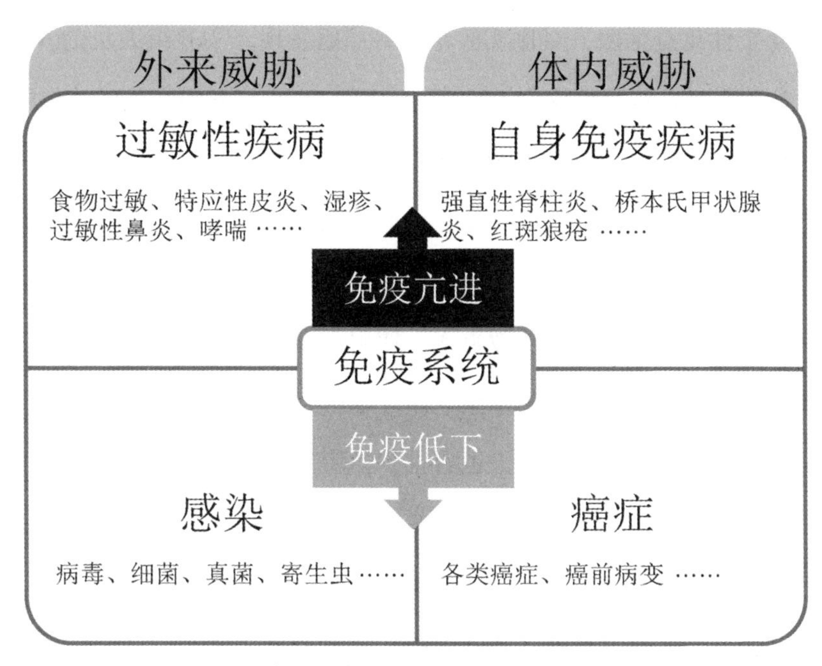

图 6　不同免疫功能障碍在内外界威胁下出现的不同疾病

测指标，许博士的研发团队在 1 613 例受试者中检测了经过六种个性化益生菌刺激后他们的外周单核细胞情况[87]。结果发现，无论男性还是女性，在低龄组（0~20 岁）、成年组（21~60 岁）及老年组（61 岁）都有指标的改善，而且不同性别及年龄组之间并没有显著差别。这说明，只要选择合适的个性化益生菌，无论男女老少，对免疫系统都有好处。

自然杀伤细胞（NK 细胞）是机体重要的免疫细胞，与抗肿瘤、抗病毒感染和免疫调节都有非常密切的关系。增强 NK 细胞的杀伤能力，能够提高细胞毒性 T 细胞对肿瘤细胞的杀伤力，使免疫治疗产生持久性及活性，还能保护及修复肠黏膜，降低肠漏发病率。为了验证个性化益生菌能否增强 NK 细胞杀伤能力，许博士的团队又设计了一个有对照组的实验[88]。选择 100 名志愿者，以 NK 细胞活动度和其对癌细胞（K562）的杀伤能力为指标，通过服用半年个性化益生菌，对比实验组和对照组发现，实验组人员的 NK 细胞活动度达到 33%，对照组仅为 5%，而实验组 NK 细胞对癌细胞的杀伤能力也比对照组高一倍多（22.58% 比 10.99%）。

相较实验数据，一线医师会更多结合自己的实际体会。针对儿童的特应性皮炎、湿疹，青少年阶段开始的哮喘、过敏性皮炎，经过配对的个性化益生菌在控制过敏性疾病方面功效喜人。使用个性化益生菌的人群基本很少发生呼吸道、胃肠道和泌尿道的感染，而且也可以从免疫细胞的指标上观察到免疫力的提升，可谓一举数得。也有很多使用者反馈还有胃肠功能、皮肤状况、精神状态的好转，既在医师的意料之内，又使其喜出望外。意料之内是因为通过个性化配对，他们可以精准预测这些益生菌带来的好处，可是单是这一两个菌种，就能带来这么多好处吗？应该不只是这样，而是持续送到体内的“小小分队”，在使用者自己的坚持和努力下，起到了改善肠道菌群平衡、调整肠道微生态的功效。

寻找没有伤害的药

西方医学奠基人希波克拉底对于医药的最高期许是“Do no harm”，意思是不会对人体造成伤害。现代医学发展至今，化学药物成为主流。虽然这些药物对于某些疾病具有疗效，但是它们会进入血液，并在肝肾代谢，其副作用对人体的影响令人担心。所以，正是许博士一生追求的理想——“寻找没有伤害的药”，造就了个性化益生菌。

从第十六章的介绍里，大家就知道这些“私人定制”的益生菌是针对不同疾病筛选出的特定菌种。它不同于化学药物，益生菌是大分子，不进入血液，不经肝肾代谢，仅通过肠道来刺激人体免疫系统，多余的益生菌则会通过消化系统排出体外，长期使用几乎没有不良反应，是真正“没有伤害的药”。

说到安全性，有一个例子让人印象非常深刻。一次一位粗心的妈妈风风火火带着孩子来到诊所要求洗胃，因为她的孩子刚刚一下子误食了整整 60 包的菌粉，也就是平时 1～2 个月的总分量。听完情况说明后，医生告诉妈妈，不用担心，仔细观察孩子有无不适就好，明确损伤的只有一个。妈妈听了，非常担心地问道:“肝脏？肾脏？”“都不是，是你的钱包。”听完医生的解释，妈妈忍不住笑了。她把孩子带回家，果然没有任何不适。很多年过去了，许博士的个性化益生菌从来没有因为“安全性”的问题受到使用者的质疑。

敲黑板，划重点

- 个性化益生菌，可以在过敏性疾病、自身免疫性疾病、各种感染和癌症四大类应用领域中起到辅助免疫治疗的功效。
- 经过多年实践和临床试验证实，个性化益生菌安全有效。

第十九章　开启我的个性化益生菌专案

迫不及待想要开始体验个性化益生菌了吧，本章会指导您如何正确启动您的精准益生菌干预专案。如果你还不是很肯定，可以看看本章的附录，测试一下自己肠道菌群的健康状况，确认是否需要调整生活形态，又或者需要专业人员指导协助。

启动三部曲

采集检体

个性化益生菌的配对检测，只需对受试者的口腔黏膜采样，保证无创（图 7）。医务人员会在采集检体的同时，针对您的感染、自身免疫疾病及重大疾病的状况作了解，以便确定选择何种检测作为生物标记。

另外，如果是您自行采集的话，要特别注意以下几点：①检测前 1 小时请勿进食；②确保漱口时间在 30 秒以上；③刮抹次数一定要够，每侧 20 下；④标本密闭，低温保存，冷链寄送，确保在 48 小时内送到实验室。送检表除了用于识别标本的个人信息外，还需要完整提供您的感染、自身免疫疾病及重大疾病的状况，以便后续报告的解读和菌株的选取。

口腔黏膜采样使用方法：

步骤1

若是采样前1小时内曾经进食，请先用清水漱口清洁，避免采集到食物残渣而影响检体品质。

※采样前 1 小时请勿饮食，以免棉棒上有残留的食物或奶水。

步骤2

打开口腔采样管的包装袋，采样管写上姓名及收检日期。

步骤3

先以漱口水，漱口30秒，并以清水漱口。

步骤4

取出采样棒后，使用附有白色棉棒头刮抹左边之口腔内颊，由内而外、由上而下，使黏膜细胞粘附于采检棒上，并以相同方法刮抹右边之口腔内颊 （每一侧需抹20下左右）。将采集棒放置采集管中，和保存液混合均匀后紧闭采集管瓶盖，并将采集棒丢弃。

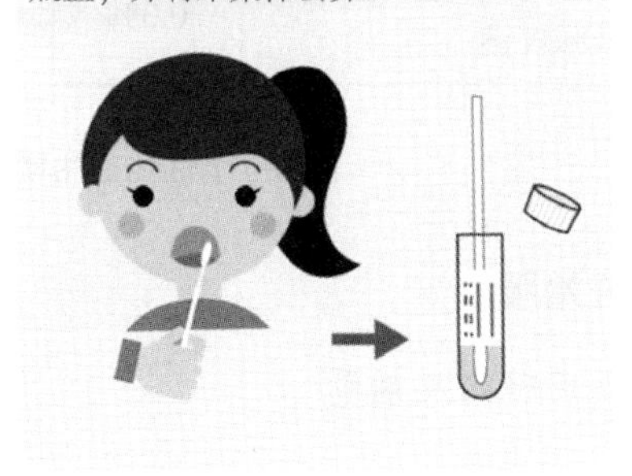

步骤5

请将紧闭的采集管放置于4℃冷藏保存，并请在48小时内冷藏运送至实验室。

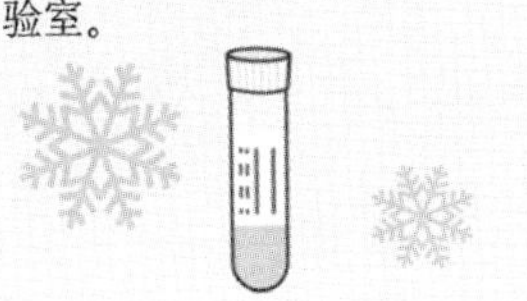

图 7　口腔黏膜采样使用办法

专业报告

7～10 个工作日后，你的报告就会回传到专业人员手上，其中核心的内容就是以下的结果（图 8）。它会告诉我们在进入选择的 6 种菌株中，哪一种对激活 IFN 或 IL-10 起的作用最大，指导我们在需要提升或抑制免疫的临床需要时，到底应该选用哪种或哪两种菌株。但可不是看一下哪个最高最低那么简单，一线医生还会根据您当下的其他健康需求、以往对益生菌治疗的反应（如曾有过的话），确定最后选择的个性化益生菌。

免疫激活菌	IFN
BR-AP01(L. paracasei) 副酪蛋白乳酸杆菌	55.8%
BR-LACT(L. acidophilus) 嗜酸性乳酸杆菌	18.6%
BR-BLCT(B. longum) 比菲德氏龙根菌	4.1%
BR-EFBS(E. faecium) 肠球菌	6.3%
BR-LRHCT(L. rhamnosus) 鼠李糖乳酸杆菌	14.9%
BR-LRECT(L. reuteri) 洛德乳酸杆菌	0.3%

免疫激活菌	IL–10
BR-AP01(L. paracasei) 副酪蛋白乳酸杆菌	0.4%
BR-LACT(L. acidophilus) 嗜酸性乳酸杆菌	0.4%
BR-BLCT(B. longum) 比菲德氏龙根菌	31.6%
BR-EFBS(E. faecium) 真肠球菌	6.0%
BR-LRHCT(L. rhamnosus) 鼠李糖乳酸杆菌	2.5%
BR-LRECT(L. reuteri) 洛德乳酸杆菌	59.2%

图 8　个性化益生菌配对检验报告核心结果

开始服用

服用时间及剂量

- 每天早上空腹服用 1 次即可，也有人会在睡前多加用 1 次，每次 1 包。
- 现代人饮食对肠道乳酸菌具负面影响，故建议早上空腹服用最佳。
- 活性个性化益生菌须定植在肠道才能充分发挥其功能，而晚上睡着后到清晨这段时间恰好是肠道最稳定状态，所以睡前服用也是好选择。

服用方法及注意事项

- 平时需注意冷藏（尤其是环境温度超过 30℃时），确保益生菌活性。

- 开封后请冷藏，并尽快服用完毕。
- 避免高脂饮食，多吃新鲜蔬菜水果。
- 多吃高纤维素食物，例如五谷根茎类、绿叶蔬菜、豆类等。
- 多吃寡糖类食物，例如洋葱、牛蒡、香蕉、蜂蜜等。
- 避免与抗生素、大蒜、蜂胶等抑菌物质一起服用。
- 避免与当归、人参、桂枝等辛味中药一起服用。
- 咖啡、茶、酒精等刺激性饮料与益生菌的服用需间隔 1 小时以上。

坚持服用

- 每天坚持服用，否则无法见效。
- 持续服用 3 个月，建立优势菌群。
- 坚持服用 6 个月，优势菌群持续发挥效应。

七点特别注意

以下七点需要在启动益生菌专案的时候，特别注意。

1. 重大疾病提前说

在有基础疾病，特别是重大疾病的情况下，一定要在服用前征询专业人士意见。这些重大疾病包括：免疫力特别低的，包括肾脏透析、癌症以及免疫缺陷（包括艾滋病）和移植后使用免疫抑制剂者；可能造成小肠细菌过度生长的，如小肠切除一半以上者、短肠综合征者；以及其他需要重视的慢性疾病。

2. 主流治疗先开道

我们特别强调主流治疗，尤其是遇到疾病诊断的情况。益生菌作为主力部队的机会，目前还主要局限在疾病预防和辅助治疗上，切莫主次颠倒，捡了芝麻丢了西瓜。

3．生活形态很重要

好的生活形态是益生菌起效的关键。有很多人因各种原因停用个性化益生菌半年后，原来的健康问题没有反复，极大部分原因是拥有良好的饮食和生活习惯。

4．“好转反应”莫担心

对于很多肠道菌群失衡的人，特别在刚开始补充益生菌的前 1～4 周，会出现病症加重的现象（如腹部绞痛、排气变多、拉稀加重、皮肤出疹更厉害等），这是为什么呢？这种现象叫“好转反应”，是益生菌与有害菌在肠道内竞争优势菌群造成的。继续服用到 4～8 周时，等益生菌在肠道内变成优势菌群后，上述症状自然会消失。我们常解释说，这是“黎明前的黑暗”啊，不用特别担心！

5．确实无效需调整

如果使用半年都没有出现预想的效果，而自己在有利于益生菌方面的生活形态方面做得也不错，那就找专业医师做相应调整吧。就像一个药不可能对所有病人显效一样，益生菌一定也有搞不定的问题。

6. 不要忽视不良反应

尽管益生菌不良反应，特别是严重不良反应罕见，但不是绝对没有。在出现各种状况，甚至需要就诊的时候，不妨告知医师相关的使用情况和日常习惯，帮助医师判断。

7. 一年一测需调整

每个人的健康情况都会不断改变，每年复测个性化益生菌配对试验非常必要，这和中医“因时制宜”的治疗理念还是相通的。其实一年后的你，特别是使用过一段时间个性化益生菌后，体内情况都有变化，彼时的最好，并非现在的最佳，适时的检测能精准调整我们的益生菌干预方案。

敲黑板，划重点

- 选择个性化益生菌需先做配对试验，找到适合自己的益生菌菌株。
- 个性化益生菌的服用要注意其相关注意事项。

第四部分

益生元：益生菌的好营养

第二十章　益生菌的食物

我们都知道益生菌在肠道保健中发挥着重要作用，而和“益生菌”只有一字之差的“益生元”又是什么？常常让人傻傻分不清，现在让我们来揭开益生元的神秘面纱吧。

益生元的前世

20 世纪以来，科学家们为了提高肠道内栖息的有益菌群数量而不懈努力着。他们发现有些不被消化的物质可以帮助肠道中的有益菌生长，从而促进宿主健康。1995 年，马塞尔·罗伯弗劳德（Marcel Roberfroid）将这些物质取名为益生元[90]。益生元是低聚糖，无法被人体消化吸收，在肠道中就成了益生菌的食物。后来科学家们又发现了许多超出定义的物质，2017 年国际益生菌与益生元科学协会（International Scientific Association for Probiotics and Prebiotics, ISAPP）[91]提出了更广义的益生元概念:“可以被宿主微生物选择性地利用、具有健康益处的底物”[92]。简单来说，益生菌是益生元的“大客户”，是益生元的服务对象。益生元是肠道益生菌的食物，益生元和益生菌也就是人和食物的关系。有了益生元的帮助，益生菌就会更有活力和战斗力，能够更好地保护我们的肠道。

益生元的今生

2021年，全国营养科普大会上发布了《中国营养学会益生元与健康专家共识》，指明了益生元的如下特征：不被胃肠道消化；只被肠道内的有益菌所利用；能改善肠道菌群组成；可以诱导肠腔内的系统性免疫。

说到不被胃肠道消化吸收，就不得不提起膳食纤维，没错，同样不被人体吸收，它和益生元又有什么区别呢？几乎每个医生都会告诉我们，要多补充膳食纤维，那么为什么呢？因为膳食纤维可以让肠道中的细菌吃饱喝足，善良的“好”细菌才有动力为我们制造维生素和健康的脂肪酸，除此之外，在大肠里也有许多病菌，他们吃饱之后会释放一些危害人体的东西，比如吲哚、氨气等。而益生元就是只有“好”细菌才喜欢吃的膳食纤维。

纵观益生元的前世今生，益生元可以被肠道内益生菌吸收，促进这些有益菌生长和代谢。那么益生元究竟是怎么在肠道中工作的呢？它有哪些分类呢？它对人体有哪些好处呢？下面让我们一一揭开谜底。

益生元到底是个啥

我们都知道三大营养物质：糖类、脂肪和蛋白质。健身和减肥几乎成为了当今时代追求健康生活的一种潮流，不少人都谈“糖”色变——它就是作为三大营养物质之首的糖类。可是你知道吗？并不是所有的糖类都有热量，低聚糖就是其中的一员，它虽然具有“甜美的外表”，但是心却不系“产热量”。不同于葡萄糖、果糖、蔗糖，低聚糖不能被人体吸收，自然也不会供给热量，但它可以被肠道中的细菌发酵利用。而益生元就是这样的一种低聚糖，可以大致分为：低聚果糖、低聚半乳糖、低聚葡萄糖、低聚木糖、大豆低聚糖。

几乎原封不动进入人类肠道的益生元，穿肠而过到达小肠的下段和结肠，在那里遇到某些益生菌，然后被它们水解利用，从而促进这些益生菌的生长。益生元具有的这种能力，被定性为："选择性地刺激肠道内有益菌的生长和繁殖，增强其活性，从而达到改善肠道微生态的作用。"

益处多多的益生元

具体说起来，益生元对人体肠道健康的保护体现在以下方面。

（1）促进益生菌繁殖。客观地说，益生元发挥的作用很大一部分是被益生菌吃掉而实现的[93]。

（2）改善便秘。细菌吃食物就意味着发酵，益生元会在结肠中发酵产生少量气体和促进肠道蠕动，帮助松软大便、缩短代谢废物在肠道中的逗留时间，并改善排便费力甚至便秘的问题[94-95]。

（3）降低肠道内的 pH 值，降低肠道疾病发生的风险。肠道内的益生元通过发酵产生有机酸，降低肠道 pH 值。节段性肠炎和急性肠道综合征的表现都是肠道 pH 值增大，因此益生元还有预防肠道疾病的作用[96]。

（4）调整肠道内的菌群平衡。当我们在经历了腹泻、压力或其他药物的影响后，肠道内"好"菌和"坏"菌的平衡容易被打破。益生元通过帮助特定菌群的生长、促进它们释放对其他细菌生长的有益物质来加速平衡修复[94，97]。

菊粉，菊花的花粉？NO！

菊粉（Inulin）并不是菊花的花粉，而是国际公认的三大益生元之一，

2003 年美国 FDA 就已确认菊粉为公认安全使用物质（generally recognized as safe, GRAS）。每个菊粉分子包含数个到数十个果糖分子，由果糖基经 β－糖苷键连接，末端常带有 α－D－葡萄糖基，聚合度为 2～60[98-99]。它是植物的“秘密粮仓”，通常存在于根部或块茎中，有数万种植物含有菊粉，例如菊芋（又名洋姜）、菊苣、芦笋、大蒜、香蕉等。实际上，菊粉含量最丰富的还要属菊科植物，含量可高达 14%～20%，不同的原料产生的菊粉在口感上略有差异，国内外基本以菊苣为原料生产菊粉，它是国际公认的比较好的菊粉来源[100-101]。菊粉吃起来甜甜的，加工后口感神似脂肪，所以可以用来代糖代脂，因此它作为添加剂被应用于面包、巧克力、乳制品等食品中。常见植物中的菊粉含量见表 7。

表 7　常见植物中的菊粉含量（湿重）

植物名称	组织分布	固形物含量	菊粉含量
菊芋	块茎	19%~25%	14%~19%
菊苣	根茎	20%~25%	15%~20%
大蒜	球茎	40%~45%	9%~16%
香蕉	果实	24%~26%	0.3%~0.7%
蒲公英	花瓣	50%~55%	12%~15%

古人类学家研究发现，早在 1 万年前，墨西哥当地的狩猎部族每天的饮食中就已经有 135 g 的菊粉了，这证明人类的祖先就已经适应了菊粉。需要提醒大家的是由于我们现在的消化水平比不上祖先，所以万万不可每天摄入 135 g 菊粉！比利时的研究学者对菊粉进行了首个双盲随机试验，发现菊粉可以特异性增加双歧杆菌属而降低嗜胆菌属的相对丰度。嗜胆菌属含量降低，能够进一步增加粪便的蓬松度，从而改善便秘症状[99，102-103]。这么看

来，菊粉的制胜法宝就是帮助改善肠道菌群，使我们拥有一个健康的肠道。肥胖人群食用菊粉后，可改善胰岛素抵抗。一项随机对照临床试验数据表明，52 名 2 型糖尿病女性患者在连续 8 周每天服用 10 g 菊粉后，空腹血糖降低了 9.5%，血糖标志物糖化血红蛋白降低了 8.4%，炎症标志物 IL–6（白细胞介素 –6）和 TNF–α（肿瘤坏死因子 –α）分别降低了 8.15% 和 19.8%，这显示菊粉在辅助治疗糖尿病中具有巨大潜力[104]。同时，菊粉作为一种膳食纤维，摄入后不易被胃酸分解，可以明显提高饱腹感[105]；还有试验发现，当受试者每天摄入 21 g 菊粉后，体内饥饿激素下降，饱腹感激素上升；菊粉还能让我们降低对高糖高脂饮食的欲望[106]。不难看出，菊粉在减肥领域也是个潜力股。此外，菊粉还有一个鲜为人知的功效，那就是调节情绪，缓解抑郁[99]。菊粉中含有低聚果糖，这种物质可活跃神经细胞因子，对焦虑症、抑郁症等神经疾病起到辅助治疗的效果。

当然了，任何硬币都有正反两面，密歇根大学的消化病学家 William 提醒大家，由于菊粉不易被小肠吸收，过量食用可能会导致胀气、痉挛等，肠易激综合征患者更需要注意。

一种自给自足的益生元——GOS

想必大家都会在奶粉广告中听到过 GOS 的名字，它是低聚半乳糖 (galactooligosaccharides, GOS)，其分子结构一般是半乳糖或葡萄糖分子上链接 1~7 个半乳糖基[107]。GOS 存在于动物的乳汁中，尤其是人母乳中，GOS 占膳食纤维的 90%[91，108]。经过几百万年的进化，至今人母乳中还能保存着这么多GOS，那GOS肯定对婴儿有着非凡的意义。2008年的研究发现，婴儿喝了添加GOS的奶粉后，肠道中有益的微生物——乳酸杆菌和双歧杆菌的比例增加，婴儿的排便频率也得到了改善，粪便pH值降低（低pH值的粪便有利于抑制病菌的繁殖）[109-110]。最近科研人员又发现了GOS的一个新技能：它可以直接固定在肠壁细胞上，就相当于给肠道壁安装了一个保护层，可以防止病菌入侵肠壁细胞。这样一来，GOS就可以在预防食物中毒领域大显身手了[111]。

投“益生菌”所好——补充益生元

之前说到，益生菌的挚爱食物就是益生元了，而益生菌又是保护我们肠道健康的战士，所以只有让战士吃饱喝足，才能打败“坏”的有害菌，才能拥有一个健康和谐的肠道环境。那么大家不禁会问，直接增加战士的数量，补充益生菌就好了，为什么还要补充益生元呢？答案是——“吃菌”不如“养菌”。益生菌看不见摸不着，是很娇气的，由于环境温度和pH值的变化，进入人体后能活着到达肠道的益生菌少之又少。因此，与其盲目增加战士的数量，不如让肠道内的战士活跃起来，变得更加强壮。如何补充益生元呢？先撇开保健品中的益生元不谈，前面也提到了，许多百合科和菊科植物中就含有益生元（大蒜、洋葱、芦笋、莴苣等）[112]。补充益生元的最终目的是让肠道有益菌茁壮成长，益生菌还很喜欢吃抗性淀粉。之所以具有“抗性”，是因为它们在小肠里不能被消化酶分解，土豆、香蕉、大米，我们总能在里面找到一种爱吃的品种吧。

任何辅助品的使用都是要循序渐进的，量需要慢慢增加，比如前文提到的菊粉，研究者建议中国人一天菊粉的摄入量小于 15 g（表 8），刚开始摄入的前两周一天要少于 5 g。具体吃法也很方便，直接加入食物或者冲水即可。不过在购买的时候需要擦亮眼睛，仔细看看配料表，菊粉是不是坐在含量第一的宝座上。另外，消费者还容易忽略的一点就是菊粉的包装形式，难道还要看包装纸的颜值吗？错，因为菊粉的吸附性很强，一旦接触空气就会容易结块，所以对于散装的菊粉一定要说 NO。

表 8　各国推荐菊粉摄入量

国家	批准用量	应用范围	资料来源
中国	≤ 15 克 / 天	婴幼儿以外人群	2009 年第 5 版卫生部公告
美国	无特定限制	无特定限制	GRAS
加拿大	≤ 8 克 / 天	成人	天然健康食品成分数据库

虽然益生元是个宝，但是也不可盲目补充，不长期依赖，尤其是对于婴幼儿。幼儿的消化道处于发育过程中，再加上个人肠道菌群的差异，一些幼儿可能对某种或几种益生元不耐受，导致肠道产气过多、蠕动过快，出现腹胀，甚至腹泻等不适。

敲黑板，划重点

- 益生元是益生菌的好食物。
- 益生元的四大作用：①促进益生菌繁殖；②改善便秘；③降低肠道内的 pH 值，降低肠道疾病发生的风险；④调整肠道内的菌群平衡。

附：肠道菌群健康自测表

饮食习惯	排便状况	生活状况
□ 吃饭时间不定	□ 有时候排便不成形或腹泻	□ 有肚腩，大腹便便
□ 常吃宵夜	□ 总是两三天才排便	□ 有抑郁、焦虑倾向
□ 晚餐每周三次以上在外用餐	□ 排便经常像羊粪球	□ 口臭、体臭严重
□ 常常不吃早餐	□ 排便的颜色常常很深、偏黑	□ 运动量每周少于 150 分钟
□ 喜欢吃肉类	□ 排便或排气常常很臭	□ 常常感到有压力
□ 经常不吃饭、面等主食	□ 经常胀气、打嗝	□ 有抽烟、饮酒癖好
□ 蔬果摄取量每天少于 500 g	□ 经常不用力就很难排便	□ 常熬夜，睡眠常不足
□ 常喝碳酸饮料	□ 经常觉得排便排不干净	□ 脱发
□ 不常吃乳酸菌产品	□ 经常会腹部阵发绞痛	□ 肤色差，皮肤老化，常长痘痘

勾选 0—5 项：恭喜！你的肠道健康不错，继续保持。

勾选 6—15 项：请调整你的生活形态，必要时可以考虑个性化益生菌。

勾选 16 项以上：你需要请教专业健康管理机构或家庭医师，先从彻底改变不健康的生活形态开始，同时启动个性化益生菌帮助改善肠道菌群。

后 记

正如在第九章和第十二章中反复提到的“卫生假说”所指出，当今时代很多健康问题的源头是过分“清洁”。不留死角的严格消毒，时刻保持的社交距离，时刻警惕的口罩防护，凡此种种，对严密控制各种传染病来说当然非常必要，但这样会大大减少人体和微生物的接触，不单在宝宝出生后的肠道菌群形成阶段，成年人的肠道菌群也是一样。要知道，保持可接触的微生物多样性，是自身健康很重要的一部分。因为工业化进程，生活在城市的我们已经少了很多亲密伙伴（共生微生物），少了它们的参与，单靠我们自己是很难维持健康的。近年来，节节攀升的过敏性疾病、自身免疫性疾病发病率都和环境“太干净”了不无关系。适当“脏一点”，很大的可能是利大于弊！

可喜的是大家对自身的健康普遍更加重视了。因为新的疾病刚来的时候，只有靠自己的免疫力来抵御。而这份免疫力，源于自己平时的健康资本。健康资本和财富、人脉是一样的，平时存得住，需要的时候才有得用，不是短期恶补就能马上拥有的，特别是对中老年人。好的生活习惯，加上科学的方法和专业的协助，才能切实完成平时的积攒。其中的道理，对于人体健康的根本——免疫力更是这样。疾病面前，免疫力才是最大的竞争力；肠道这个人体免疫兵力最集中的地方，一定要被优先考虑；而通过精准检测，提供个性化的益生菌来进行免疫力的维护，无疑是更科学的。

这本书的写作筹备过程花了整整一年的时间，很多章节都经历了反复的修改、不断的打磨。为确保本书的科学性，在很多地方使用了循证级别高的研究结果，但为了追求通俗性，没有特别指出，而是用了诸如“汇总研究”的说法。益生菌的应用研究，还有很多尚在动物试验阶段，用在人群中的循证研究有限，比如心血管系统、神经退行性疾病以及身心疾病等，考虑再三，还是先放弃了。

在编纂本书期间，每当读到最新的相关研究不断问世时，大家都会喜不自禁，而看到市面上相同专题的很棒的专业科普书层出不穷时，大家更会兴奋不已，也着实希望更多人通过运用益生菌为自己的健康加油助力，更好地实现个性化的精准补充，少走弯路。

对肠道菌群了解得越多，才知道我们不知道的还有更多，这本书在很多方面只是起了一个引子的作用，还有很多地方可能有疏失贻误之处。希望和读者一起，通过终身学习，在精准医疗到来的时代，在对人类微生物、尤其是益生菌的认识和运用上，不断探索，不断成长，做出属于自己的更加明智的选择。

个性化益生菌，精准医疗时代的选择。

参考文献

第一章

1. Davies J. In a map for human life, count the microbes, too[J]. Science, 2001, 291(5512): 2316 – 2316.
2. The White House. FACT SHEET: Announcing the National Microbiome Initiative. Secondary FACT SHEET: Announcing the National Microbiome Initiative 2016. https://obamawhitehouse.archives.gov/the-press-office/2016/05/12/fact-sheet-announcing-national-microbiome-initiative.

第二章

3. Lederberg J, McCray A T. ‘Ome Sweet’ omics—a genealogical treasury of words[J]. The Scientist, 2001, 15(7): 8 – 8.
4. Hooper L V, Gordon J I. Commensal host-bacterial relationships in the gut[J]. Science, 2001, 292(5519): 1115 – 1118.
5. Luckeg T D. Introduction to intestinal microecology[J]. Am J Clin Nutr, 1972, 25(12): 1292 – 1294.
6. Sender R, Fuchs S, Milo R. Revised estimates for the number of human and bacteria cells in the body[J]. Plos Biology, 2016, 14(8): e1002533.
7. Gilbert J A , Blaser M J , Caporaso J G , et al. Current understanding of the human microbiome[J]. Nature Medicine, 2018, 24(4): 392 – 400.

8. Adak A , Khan M R. An insight into gut microbiota and its functionalities [J]. Cellular and Molecular Life Sciences, 2018, 76(3): 473 – 493.
9. Ley R E, Peterson D A, Gordon J I. Ecological and evolutionary forces shaping microbial diversity in the human intestine. Cell, 2006,124(4): 837 – 848.

第三章

10. Le Huërou-Luron I, Blat S, Boudry G. Breast- vs. formula-feeding: impacts on the digestive tract and immediate and long-term health effects[J]. Nutr Res Rev, 2010, 23: 23 – 36.
11. Kundu P , Blacher E , Elinav E , et al. Our gut microbiome: the evolving inner self[J]. Cell, 2017, 171(7): 1481 – 1493.
12. Thaiss C A, Levy M, Korem T, et al. Microbiota diurnal rhythmicity programs host transcriptome oscillations[J]. Cell, 2016, 167(6): 1495 – 1510.
13. Perez Martinez G, Bäuerl C, Collado M C. Understanding gut microbiota in elderly's health will enable intervention through probiotics[J]. Beneficial microbes, 2014, 5(3): 235 – 246.
14. https://www.sciencemag.org/news/2019/01/bacteria-your-gut-may-reveal-your-true-age. Available on March 6, 2020.

第四章

15. Versprille W, Livia J F, van de Loo A J A E, et al. Development and validation of the immune status questionnaire (ISQ)[J]. International Journal of Environmental Research and Public Health, 2019, 16(23): 4743.
16. Sharkey K A, Beck P L, McKay D M. Neuroimmunophysiology of the gut: advances and emerging concepts focusing on the epithelium[J]. Nature Reviews Gastroenterology & Hepatology, 2018, 15(12): 765 – 784.

第五章

17. Kosikowski F V, Mistry V V. Cheese and fermented milk foods. Volume I: origins and principles[M]. Westport: FV Kosikowski LLC, 1997:152 – 166.

18. Ozen M, Dinleyici E C. The history of probiotics: the untold story[J]. Beneficial Microbes, 2015, 6(2): 159 – 165.

第六章

19. 光冈知足. 光冈知足说肠内革命 [M]. 杜国彰，译. 哈尔滨：北方文艺出版社，2008:5–80.

20. 陈曦. 乳杆菌属的益生菌保健功能及研究进展 [J]. 中国乳品工业，2011，39(07)：40–43.

21. 张丽，赵莉. 酪酸梭菌、婴儿型双歧杆菌二联活菌制剂治疗儿科最常见 3 种不同类型腹泻的疗效观察 [J]. 中国中西医结合消化杂志，2014，22(02)：104 – 105.

22. Charng Y C, Lin C C, Hsu C H. Inhibition of allergen-induced airway inflammation and hyperreactivity by recombinant lactic-acid bacteria[J]. Vaccine, 2006, 24(33): 5931 – 5936.

23. Round J L, Mazmanian S K. The gut microbiota shapes intestinal immune responses during health and disease[J]. Nature Reviews Immunology, 2009, 9(5): 313 – 323.

第七章

24. Global Market Insights. Probiotics Market Size to Exceed USD 64 Billion by 2023. March 6, 2020. (https://www.prnewswire.com/news-releases/probiotics-market-size-to-exceed-usd-64-billion-by-2023-global-market-insights-inc-578769201.html)

25. Kantor E D, Rehm C D, Du M, et al. Trends in dietary supplement use among US adults from 1999 – 2012[J]. JAMA, 2016, 316(14):1464 – 1474.

第八章

26. Dimidi E, Christodoulides S, Fragkos K C, et al. The effect of probiotics on functional constipation in adults: a systematic review and meta-analysis of randomized controlled trials[J]. The American Journal of Clinical Nutrition, 2014, 100(4): 1075 – 1084.
27. Hempel S, Newberry S J, Maher A R, et al. Probiotics for the prevention and treatment of antibiotic-associated diarrhea: a systematic review and meta-analysis[J]. The Journal of the American Medical Association, 2012, 307(18):1959 – 1969.
28. Hayes S R, Vargas A J. Probiotics for the prevention of pediatric antibiotic-associated diarrhea[J]. EXPLORE: The Journal of Science and Healing, 2016, 12(6):463 – 466.
29. Johnston B C, Ma S, Goldenberg J Z, et al. Probiotics for the prevention of Clostridium difficile-associated diarrhea in adults and children[J]. Annals of Internal Medicine, 2012, 5(5):5 – 6.
30. Ford A C, Harris L A, Lacy B E, et al. Systematic review with meta-analysis: the efficacy of prebiotics, probiotics, synbiotics and antibiotics in irritable bowel syndrome[J]. Alimentary Pharmacology & Therapeutics, 2018, 48(10): 1044 – 1060.
31. Freedman S B, Williamson-Urquhart S, Farion K J, et al. Multicenter trial of a combination probiotic for children with gastroenteritis[J]. New England Journal of Medicine, 2018, 379(21): 2015 – 2026.
32. Schnadower D, Tarr P I, Casper T C, et al. Lactobacillus rhamnosus GG versus

placebo for acute gastroenteritis in children[J]. N Engl J Med, 2018,379:2002 – 2014.

33. Szajewska H, Kotodziej M, Gieruszczak-Biatek D, et al. Systematic review with meta-analysis: lactobacillus rhamnosus GG for treating acute gastroenteritis in children-a 2019 update[J]. Alimentary Pharmacology & Therapeutics, 2019, 49(11): 1376 – 1384.

34. Szajewska H, Skorka A, Ruszczy ń ski M, et al. Meta-analysis: lactobacillus GG for treating acute gastroenteritis in children-updated analysis of randomised controlled trials[J]. Alimentary Pharmacology & Therapeutics, 2013, 38(5): 467 – 476.

第九章

35. Haahtela T, von Hertzen L, Mäkelä M, et al. Finnish Allergy Programme 2008—2018 time to act and change the course[J]. Allergy, 2008, 63(6):634 – 645.

36. 中华儿科杂志编辑委员会，中华医学会儿科学分会. 儿童过敏性疾病诊断及治疗专家共识 [J]. 中华儿科杂志，2019(03)：164 – 171.

37. 杨磊，黄洋，龙珍. 武汉市儿童过敏性疾病的年龄分布及相关性调查 [J]. 中国妇幼保健，2017，32(19)：4788 – 4791.

38. Strachan D P. Hay fever, hygiene, and household size[J]. BMJ, 1989, 299(6710):1259 – 1260.

39. Haahtela T, Holgate S, Pawankar R, et al. The biodiversity hypothesis and allergic disease: world allergy organization position statement[J]. World Allergy Organization Journal, 2013, 6(1): 1 – 18.

40. Ege M J, Mayer M, Normand A C, et al. Exposure to environmental microorganisms and childhood asthma[J]. New England Journal of Medicine, 2011, 364(8): 701 – 709.

41. Kukkonen K，Savilahti E，Haahtela T，et al. Probiotics and prebiotic galacto-

oligosaccharides in the prevention of allergic diseases: a randomized, double-blind, placebo-controlled trial[J]. Journal of Allergy and Clinical Immunology, 2007, 119(1): 192 – 198.
42. Selnes A, Nystad W, Bolle R, et al. Diverging prevalence trendsof atopic disorders in Norwegian children. Results from three cross-sectional studies [J]. Allergy, 2012, 60(7): 894 – 899.
43. Zhang G Q, Hu H J, Liu C Y, et al. Probiotics for prevention of atopy and food hypersensitivity in early childhood[J]. Medicine, 2016, 95(8):e2562.
44. Elazab N, Mendy A, Gasana J, et al. Probiotic administration in early life, atopy, and asthma: a meta-analysis of clinical trials[J]. Pediatrics, 2013, 132(3): e666 – e676.

第十章

45. Zhang X, Zhang M, Zhao Z, et al. Geographic variation in prevalence of adult obesity in China: results from the 2013–2014 National Chronic Disease and Risk Factor Surveillance[J]. Annals of Internal Medicine, 2020, 172(4): 291 – 293.
46. De Filippo, C, Cavalieri D, Di Paola M, et al. Impact of diet in shaping gut microbiota revealed by a comparative study in children from Europe and rural Africa[J]. Proc Natl Acad Sci U S A,2010,107(33):14691 – 14696.
47. Ridaura V K, Faith J J, Rey F E, et al. Gut microbiota from twins discordant for obesity modulate metabolism in mice[J]. Science, 2013, 341(6150): 1241214.
48. Borgeraas H, Johnson L K, Skattebu J, et al. Effects of probiotics on body weight, body mass index, fat mass and fat percentage in subjects with overweight or obesity: a systematic review and meta-analysis of randomized controlled trials[J]. Obesity Reviews, 2018, 19(2): 219 – 232.

49. Khalesi S, Sun J, Buys N, et al. Effect of probiotics on blood pressure: a systematic review and meta-analysis of randomized, controlled trials[J]. Hypertension, 2014, 64(4): 897 – 903.

第十一章

50. Garrett W S. Cancer and the microbiota[J]. Science, 2015, 348(6230): 80 – 86.
51. Ouyang X, Li Q, Shi M, et al. Probiotics for preventing postoperative infection in colorectal cancer patients: a systematic review and meta-analysis[J]. International Journal of Colorectal Disease, 2019, 34(3): 459 – 469.
52. Pala V, Sieri S, Berrino F, et al. Yogurt consumption and risk of colorectal cancer in the Italian European prospective investigation into cancer and nutrition cohort[J]. International Journal of Cancer, 2011, 129(11): 2712 – 2719.
53. Vieira A R, Abar L, Chan D S M, et al. Foods and beverages and colorectal cancer risk: a systematic review and meta-analysis of cohort studies, an update of the evidence of the WCRF-AICR Continuous Update Project[J]. Annals of Oncology, 2017, 28(8): 1788 – 1802.
54. Barrubés L, Babio N, Becerra-Tomás N, et al. Association between dairy product consumption and colorectal cancer risk in adults: a systematic review and meta-analysis of epidemiologic studies[J]. Advances in Nutrition, 2019, 10(S2): S190 – S211.
55. Mehta R S, Nishihara R, Cao Y, et al. Association of dietary patterns with risk of colorectal cancer subtypes classified by Fusobacterium nucleatum in tumor tissue[J]. JAMA Oncology, 2017, 3(7): 921 – 927.
56. Routy B, Le Chatelier E, Derosa L, et al. Gut microbiome influences efficacy of PD-1-based immunotherapy against epithelial tumors[J]. Science, 2018, 359(6371): 91 – 97.

57. Gopalakrishnan V, Spencer C N, Nezi L, et al. Gut microbiome modulates response to anti-PD-1 immunotherapy in melanoma patients[J]. Science, 2018, 359(6371): 97 – 103.
58. Matson V, Fessler J, Bao R, et al. The commensal microbiome is associated with anti-PD-1 efficacy in metastatic melanoma patients[J]. Science, 2018, 359(6371): 104 – 108.
59. Scott A J, Alexander J L, Merrifield C A, et al. International Cancer Microbiome Consortium consensus statement on the role of the human microbiome in carcinogenesis[J]. Gut, 2019, 68(9): 1624 – 1632.

第十二章

60. Bach J F. The hygiene hypothesis in autoimmunity: the role of pathogens and commensals[J]. Nature Reviews Immunology, 2018, 18(2): 105.
61. Kondrashova A, Reunanen A, Romanov A, et al. A six-fold gradient in the incidence of type 1 diabetes at the eastern border of Finland[J]. Annals of medicine, 2005, 37(1): 67 – 72.
62. Vatanen T, Kostic A D, d'Hennezel E, et al. Variation in microbiome LPS immunogenicity contributes to autoimmunity in humans[J]. Cell, 2016, 165(4): 842 – 853.
63. Rosser E C, Mauri C. A clinical update on the significance of the gut microbiota in systemic autoimmunity[J]. Journal of autoimmunity, 2016, 74: 85 – 93.
64. Vaghef-Mehrabany E, Alipour B, Homayouni-Rad A, et al. Probiotic supplementation improves inflammatory status in patients with rheumatoid arthritis[J]. Nutrition, 2014, 30(4): 430 – 435.
65. Ho J, Nicolucci A C, Virtanen H, et al. Effect of prebiotic on microbiota, intestinal permeability, and glycemic control in children with type 1 diabetes[J].

The Journal of Clinical Endocrinology & Metabolism, 2019, 104(10): 4427 – 4440.

66. Salami M, Kouchaki E, Asemi Z, et al. How probiotic bacteria influence the motor and mental behaviors as well as immunological and oxidative biomarkers in multiple sclerosis? A double blind clinical trial[J]. Journal of functional foods, 2019, 52: 8 – 13.

67. Shen J, Zuo Z X, Mao A P. Effect of probiotics on inducing remission and maintaining therapy in ulcerative colitis, Crohn's disease, and pouchitis: meta-analysis of randomized controlled trials[J]. Inflammatory bowel diseases, 2014, 20(1): 21 – 35.

68. Derwa Y, Gracie D J, Hamlin P J, et al. Systematic review with meta-analysis: the efficacy of probiotics in inflammatory bowel disease[J]. Alimentary pharmacology & therapeutics, 2017, 46(4): 389 – 400.

第十三章

69. Callaway E. 'Young poo' makes aged fish live longer[J]. Nature News, 2017, 544(7649): 147.

70. Claesson M J, Jeffery I B, Conde S, et al. Gut microbiota composition correlates with diet and health in the elderly[J]. Nature, 2012, 488(7410): 178 – 184.

71. Kong F , Hua Y , Zeng B , et al. Gut microbiota signatures of longevity[J]. Current Biology, 2016, 26(18):R832 – R833.

72. Zhao L. The tale of our other genome[J]. Nature, 2010, 465(7300): 879 – 880.

73. Miller L E, Lehtoranta L, Lehtinen M J. Short-term probiotic supplementation enhances cellular immune function in healthy elderly: systematic review and meta-analysis of controlled studies[J]. Nutrition research, 2019, 64: 1 – 8.

74. Bischoff S C. Microbiota and aging[J]. Current Opinion in Clinical Nutrition &

Metabolic Care, 2016, 19(1): 26 – 30.

75. Otoole P W , Jeffery I B . Gut microbiota and aging[J]. Science, 2015, 350(6265): 1214 – 1215.

第十四章

76. Oh J, Byrd AL, Deming C, et al. Biogeography and individuality shape function in the human skin metagenome[J]. Nature, 514(7520):59 – 64.

77. Grice E A, Kong H H, Renaud G , et al. A diversity profile of the human skin microbiota[J]. Genome Research, 2008, 18(7):1043.

78. Oh J, Byrd A, Park M, et al. Temporal Stability of the Human Skin Microbiome[J]. Cell, 2016, 165(4):854 – 866.

79. Emily, Sohn. Skin microbiota's community effort [J]. Nature, 2018, 22:S91 – S93.

附：关于益生菌运用的十大误区

80. Khalesi S, Bellissimo N, Vandelanotte C, et al. A review of probiotic supplementation in healthy adults: helpful or hype?[J]. European journal of clinical nutrition, 2019, 73(1): 24 – 37.

81. Suez J, Zmora N, Zilberman-Schapira G, et al. Post-antibiotic gut mucosal microbiome reconstitution is impaired by probiotics and improved by autologous FMT[J]. Cell, 2018, 174(6): 1406 – 1423.

82. Zmora N, Zilberman-Schapira G, Suez J, et al. Personalized gut mucosal colonization resistance to empiric probiotics is associated with unique host and microbiome features[J]. Cell, 2018, 174(6): 1388 – 1405.

83. https://www.nutraingredients-usa.com/Article/2018/09/07/No-BBC-probiotics-are-not-quite-useless. Available on March 4, 2020.

第十六章

84. 许庭源. 寻找没有伤害的药 [M]. 高雄：台湾整合医学协会出版社，2016 : 15 – 33.
85. Hsu C H, Chua K Y, Tao M H, et al. Immunoprophylaxis of allergen-induced immunoglobulin E synthesis and airway hyperresponsiveness in vivo by genetic immunization[J]. Nature medicine, 1996, 2(5): 540 – 544.
86. Charng Y C, Lin C C, Hsu C H. Inhibition of allergen-induced airway inflammation and hyperreactivity by recombinant lactic-acid bacteria[J]. Vaccine, 2006, 24(33 – 34): 5931 – 5936.

第十八章

87. Ho Y H, Huang Y T, Lu Y C, et al. Effects of gender and age on immune responses of human peripheral blood mononuclear cells to probiotics: a large scale pilot study[J]. The journal of nutrition, health & aging, 2017, 21(5): 521 – 526.
88. Ho Y H, Lu Y C, Chang H C, et al. Daily intake of probiotics with high IFN-γ/IL-10 ratio increases the cytotoxicity of human natural killer cells: a personalized probiotic approach[J]. Journal of immunology research, 2014, 2014:721505.

第十九章

89. 蔡英杰. 肠鸣百岁：肠道权威最长龄保健大典 [M]. 台北：时报文化出版社，2019: 168.

第二十章

90. Gibson G R，Roberfroid M B. Dietary modulation of the human colonic microbiota: introducing the concept of prebiotics[J]. The Journal of nutrition,

1995, 125(6): 1401 – 1412.

91. Guarino M P L, Altomare A, Emerenziani S, et al. Mechanisms of action of prebiotics and their effects on gastro-intestinal disorders in adults[J]. Nutrients, 2020, 12(4): 1037 – 1037.

92. Gibson G R, Robert H,Ellen S M, et al. Expert consensus document: The International Scientific Association for Probiotics and Prebiotics (ISAPP) consensus statement on the definition and scope of prebiotics[J]. Nature reviews. Gastroenterology & hepatology, 2017, 14(8): 491 – 502.

93. Beatriz M, Belen G, Juan C P, et al. Potential of fructooligosaccharides and xylooligosaccharides as substrates to counteract the undesirable effects of several antibiotics on elder faecal microbiota: a first in vitro approach[J]. Journal of agricultural and food chemistry, 2018, 66(36): 9426 – 9437.

94. Holscher Hannah D. Dietary fiber and prebiotics and the gastrointestinal microbiota[J]. Gut microbes, 2017, 8(2): 172 – 184.

95. Naseer M, Poola S, Uraz S, et al. Therapeutic effects of prebiotics on constipation: a schematic review[J]. Current Clinical Pharmacology (Discontinued), 2020, 15(3): 207 – 215.

96. Joanne Slavin. Fiber and prebiotics: mechanisms and health benefits[J]. Nutrients, 2013, 5(4): 1417 – 1435.

97. 赵杰，朱维铭，李宁 . 益生菌、益生元、合生元与炎症性肠病 [J]. 肠外与肠内营养，2014，21(4): 251 – 253，256.

98. 朱峰，陈景垚，蓝蔚青，菊粉的功能特性与开发利用研究进展 [J]. 包装工程 ,2019,40(1):34 – 39.

99. Shoaib M，Shehzad A，Omar M，et al. Inulin: properties, health benefits and food applications[J]. Carbohydrate Polymers, 2016, 147: 444 – 454.

100. Gupta N, Jangid A K, Pooja D, et al. Inulin: a novel and stretchy

polysaccharide tool for biomedical and nutritional applications[J]. International Journal of Biological Macromolecules, 2019, 132: 852 – 863.

101. Claus Sandrine Paule. Inulin prebiotic: is it all about bifidobacteria?[J]. Gut, 2017, 66(11): 1883 – 1884.

102. Watson A W, Houghton D, Avery P J, et al. Changes in stool frequency following chicory inulin consumption, and effects on stool consistency, quality of life and composition of gut microbiota[J]. Food Hydrocolloids, 2019, 96(3): 688 – 698.

103. Doris V, Gwen F, Sara V S, et al. Prebiotic inulin-type fructans induce specific changes in the human gut microbiota[J]. Gut, 2017, 66(11): 1968 – 1974.

104. Long W, Hong Y, Hao H, et al. Inulin-type fructans supplementation improves glycemic control for the prediabetes and type 2 diabetes populations: results from a GRADE-assessed systematic review and dose-response meta-analysis of 33 randomized controlled trials[J]. Journal of translational medicine, 2019, 17(1): 410.

105. Sophie H, Laure B B, Barbara D P, et al. Effects of a diet based on inulin-rich vegetables on gut health and nutritional behavior in healthy humans[J]. The American journal of clinical nutrition, 2019, 109(6): 1683 – 1695.

106. Anna L, Hania S. Effects of inulin-type fructans on appetite, energy intake, and body weight in children and adults: systematic review of randomized controlled trials[J]. Annals of nutrition & metabolism, 2013, 63(1): 42 – 54.

107. Panesar P S, Kaur R, Singh R S, et al. Biocatalytic strategies in the production of galacto-oligosaccharides and its global status[J]. International Journal of Biological Macromolecules, 2018, 111: 667 – 679.

108. Rastall Robert A. Gluco and galacto-oligosaccharides in food: update on health effects and relevance in healthy nutrition[J]. Current opinion in clinical

nutrition and metabolic care, 2013, 16(6): 675 – 678.

109. Yvan V, Elisabeth D G, Gigi V. Prebiotics in infant formula[J]. Gut microbes, 2014, 5(6): 681 – 687.

110. Ming B X, Juan L, Tai F Z, et al. Low level of galacto-oligosaccharide in infant formula stimulates growth of intestinal Bifidobacteria and Lactobacilli[J]. World journal of gastroenterology, 2008, 14(42): 6564 – 6568.

111. Jason W A, Jeffery R, Salvador F, et al. The pleiotropic effects of prebiotic galacto-oligosaccharides on the aging gut[J]. Microbiome, 2021, 9(1): 31.

112. Loo J V, Coussement P, Leenheer L D, et al. On the presence of Inulin and Oligofructose as natural ingredients in the western diet[J]. Critical Reviews in Food Science & Nutrition, 2009, 35(6): 525 – 552.